tique, n° 221); Proni et d'autres encore ont donné des méthodes. Je me propose, dans ce petit Ecrit, de faire le rapprochement de ces divers procédés, et d'y en ajouter plusieurs autres nouveaux.

Ce parallèle offrira un exercice qui m'a paru très-propre à former et à développer l'esprit d'analyse des jeunes Mathématiciens, à leur apprendre à lire dans l'Algèbre, et à saisir les différens points de vue des résultats analytiques.

Une autre considération m'y a engagé: ces auteurs ont, pour simplifier, supposé rectangulaires les axes primitifs des coordonnées; cependant il arrive assez souvent que pour faciliter la solution des problèmes, on choisit des axes obliques: alors, pour construire la courbe représentée par une équation du second degré, il faut des formules dans lesquelles on ait supposé que les axes primitifs étaient obliques.

On peut rapporter à trois principales méthodes les moyens qu'on peut employer :

1°. On cherche un diamètre de la courbe, ensuite son conjugué, s'il s'agit de l'ellipse ou de l'hyperbole, et son paramètre, s'il est question de la parabole : il faut repasser ensuite des diamètres conjugués aux axes. Cette méthode est peu analytique, et a l'inconvénient d'obliger à un circuit inutile.

2°. On cherche le centre de l'ellipse et de l'hyperbole, ou bien le sommet de l'axe de la parabole : on détermine l'angle que les axes de la courbe font avec celui des x, et ensuite la grandeur de ces axes.

3°. On détermine de même les coordonnées du centre ou du sommet de l'axe de la parabole, et ensuite la grandeur de ces axes; mais au lieu de chercher l'angle que font ces axes avec celui des x ou des y, on construit l'équation

OPUSCULES MATHÉMATIQUES,

Contenant plusieurs Méthodes nouvelles de construire l'Equation aux Sections Coniques; la Découverte d'une Propriété nouvelle de la Lumière; une Balance algébrique propre à trouver les racines des Equations numériques de tous les degrés; enfin plusieurs Problèmes nouveaux ou résolus par des méthodes nouvelles;

Ouvrage principalement utile aux Jeunes-Gens qui se destinent à l'École Polytechnique;

PAR J. B. BERARD,

Juge au Tribunal de Briançon; Principal et Professeur de Mathématiques au Collége de la même ville; Membre de la Société d'Agriculture du département de la Seine, des Sociétés littéraires de Grenoble, Gap, Carpentras et Avignon.

PARIS,

Chez F. LOUIS, Libraire, rue de Savoie, n° 6.

1810.

PRÉFACE.

CET Ouvrage est composé de deux parties : la première renferme l'exposition de plusieurs méthodes nouvelles, comparées à celles déjà connues pour construire l'équation générale aux Sections coniques : la seconde est un recueil de divers Problèmes. Je vais rendre compte en peu de mots de l'objet de chacune de ces parties, et des motifs qui m'ont déterminé à les publier.

Il existe bien des manières de discuter et de construire l'équation générale du second degré, c'est-à-dire de tracer la section conique qu'elle représente, en déterminer la position et la grandeur des axes. Bezout (Algèbre, n° 379); Lacroix (n° 107 de l'Application de l'Algèbre à la Géométrie, troisième édition); Biot (Géométrie analy-

de ces axes, c'est-à-dire que l'on détermine pour l'abscisse égale 1 l'ordonnée parallèle aux y.

Cette troisième méthode conduit à des résultats plus simples, parce qu'elle n'emploie que des lignes parallèles aux axes primitifs ; tandis que dans la seconde on fait usage des sinus, cosinus et tangentes, qui sont des lignes obliques à l'égard de ces axes, à moins qu'ils ne soient rectangulaires, auquel cas les deux méthodes n'en font qu'une.

J'ai fait voir plusieurs moyens d'arriver aux mêmes résultats dans les trois méthodes : ces moyens ne sont pas également simples ; leur comparaison offre un exercice utile pour apprendre l'art de trouver et de deviner souvent à l'avance la route la plus courte pour arriver au but qu'on se propose.

La seconde partie de cet Opuscule contient un recueil de divers objets. Le plus important sans doute est l'aperçu d'une nouvelle propriété de la lumière, qui pourra avoir des conséquences importantes dans la théorie de l'optique et dans l'application de cette science aux arts.

On y trouve la description d'une Balance algébrique, propre à trouver les racines approchées des équations numériques de tous les degrés. On sait qu'en dernière analyse tout problème conduit à la recherche des racines numériques : enfin, il n'est presqu'aucun Géomètre qui ne se soit occupé de cet objet. L'instrument que je propose est entièrement nouveau, et n'a rien de commun avec les méthodes connues. On pensera peut-être que c'est une idée assez heureuse et remarquable que d'avoir appliqué la théorie de l'équilibre à la détermination des racines. Mon instrument bien exécuté conduit au but de la manière la plus expéditive, et est à la portée de tous ceux qui ont les premières notions d'Algèbre.

La seconde partie contient encore divers problèmes, ou nouveaux, ou résolus par des méthodes nouvelles : la plupart sont faciles, mais présentent quelque chose de piquant. Par exemple, on savait qu'on trouve les racines des équations du quatrième degré, par l'intersection d'une parabole et d'un cercle ; mais j'ai remarqué que cette parabole peut être invariable et servir pour tous les cas ; ensorte qu'en la construisant en cuivre ou en carton, on peut très-simplement et très-briévement trouver les racines. Un autre problème m'a fourni un moyen simple et nouveau de décrire l'ellipse d'un mouvement continu. Je citerai encore une manière simple et nouvelle de trouver le centre de gravité de l'aire d'un polygone, et de mener une normale à la parabole, par un point pris à volonté, etc.

On a plusieurs ouvrages sur les élémens des Mathématiques ; mais une longue expérience m'a appris que ce n'est pas assez pour un élève de savoir parfaitement ses élémens ; il faut encore, par de nombreuses applications, développer en lui l'esprit de recherche : les principes sont limités, les applications ne le sont pas. La sagacité, l'esprit géométrique ne peuvent s'acquérir qu'en s'exerçant longtemps sur des questions variées : l'érudition mal digérée étouffe le génie ; les recherches, les problèmes le développent, éclaircissent les principes et procurent la netteté des idées.

C'est donc faire une chose utile que de présenter à la jeunesse des problèmes nouveaux et piquans, qui, en excitant sa curiosité, lui procurent un exercice utile. C'est un mérite de plus quand ces questions sont résolues par des méthodes simples et nouvelles, et quand en même temps elles ont des applications aux arts ; car les théorèmes frappent bien plus l'imagination, et se gravent bien mieux dans la mémoire quand ils se rapportent à quelque usage de la vie ou à quelque pratique des arts, que lorsqu'ils ne reposent que sur des abstractions ou des spéculations purement intellectuelles.

Tels sont les motifs qui m'ont engagé à publier ce petit Recueil de Problèmes, et les considérations qui m'ont guidé dans le choix. On sent qu'en cela j'ai travaillé bien plus pour l'utilité que pour la gloire : je serai satisfait, si mes efforts n'ont pas été tout-à-fait inutiles.

TABLE SOMMAIRE.

Construction de l'Equation aux Sections Coniques.

SECTION PREMIÈRE.

De l'Ellipse.

SECTION II.

De l'Hyperbole.

SECTION III.

De la Parabole.

SECTION IV.

Récapitulation et applications.

PROBLÈMES DIVERS.

PROBLÈME PREMIER.

SECTIONS CONIQUES.

EXPOSITION

De plusieurs méthodes nouvelles, comparées à celles déjà connues, pour construire l'équation générale aux sections coniques.

SECTION PREMIÈRE.

De l'Ellipse.

1. SOIT proposé de construire l'équation générale

$$Ay^2 + Bxy + Cx^2 + Dy + Ex + F = 0 \ldots . \text{(A)}.$$

La première chose à faire est de vérifier à laquelle des trois sections coniques elle appartient. On sait que ce sera à l'ellipse, à l'hyperbole, ou à la parabole, selon qu'on aura $4AC > B^2$, ou $4AC < B^2$, ou $4AC = B^2$. Supposons qu'on ait $4AC > B^2$, que de plus l'équation (A) ne soit pas décomposable en facteur du premier degré, auquel cas elle représenterait deux lignes droites, et qu'enfin elle ne renferme aucune absurdité; ce que l'on reconnaîtra par les conditions suivantes:

$$4AC>B^2, \quad (BD-2AE)^2-(D^2-4AF)(B^2-4AC)>0.$$

Cela posé, nous allons parcourir diverses manières de procéder.

2. *Première Méthode.* Je commence par celles qu'on trouve dans Lacroix, n° 107, et dans Bezout, n° 379 : quoique exposées d'une manière un peu différente, elles reviennent au même dans le fond.

L'équation (A) étant résolue, donne

$$y = -\frac{Bx+D}{2A}$$

$$\pm\frac{1}{2A}\sqrt{(B^2-4AC)x^2+2(BD-2AE)x+D^2-4AF}\ldots(B),$$

ou, en faisant pour simplifier,

$$D^2-4AF=p,\ 2AE-BD=n,\ 4AC-B^2=m,$$

on aura

$$y=-\frac{Bx+D}{2A}\pm\frac{1}{2A}\sqrt{p-2ux-mx^2}\ldots(B'),$$

On voit d'abord que la valeur d'y est composée de deux parties, dont l'une exprimée par $\frac{-Bx+D}{2A}$ est l'ordonnée d'une ligne droite, ayant pour équation

$$y = -\frac{Bx+D}{2A},$$

et qui se construit en prenant sur l'axe AY (fig. 1), et vers y une partie $AD = \frac{-D}{2A}$, et du côté des x négatifs une partie $AE = \frac{-D}{B}$, puis tirant la droite DE ; en sorte que AP étant x, PN sera $-\frac{Bx+D}{2A}$.

Maintenant on aura les points de l'ellipse, en portant dans la direction de PN, de part et d'autre du point N, les parties NM et NM' égales à $\frac{1}{2A}\sqrt{p-2nx-mx^2}$; car on aura par là

$$y = PM \text{ et } y = PM'$$

pour les deux valeurs qui correspondent au double signe du radical de l'équation (B'). La ligne DE qui jouit de la propriété de partager en deux parties égales les doubles ordonnées MM', parallèles à AY, est un diamètre de l'ellipse.

En faisant $y + \frac{Bx + D}{2A} = NM = u$, l'équation B' devient

$$u = \pm \frac{1}{2A} \sqrt{p - 2nx - mx^2} \dots \text{(C)},$$

laquelle exprime la relation entre les lignes NM et AP, ou sa parallèle DG. Comme les ordonnées NM ne partent pas de la ligne sur laquelle sont comptées les abscisses AP ou x, il faut chercher une équation qui exprime la relation entre les lignes NM et DN : pour cela je fais DN $= t$, et les triangles semblables AED et DGN, donnent

$$AE : AD :: DG : GN = \frac{B}{2A} x.$$

Or, en appelant ε l'angle XAY formé par les axes primitifs du côté positif des x et des y, on a DGN = XAY, et le triangle DGN donne (*)

$$DN^2 = DG^2 + GN^2 + 2DG.GN.\cos\varepsilon;$$

d'où l'on tire

$$t^2 = x^2 + \frac{B^2}{4A^2} x^2 + 2 \frac{B}{2A} x^2 \times \cos\varepsilon \text{ et } x = \gamma t,$$

(*) Je mets $+ 2DG.GN.\cos\varepsilon$, parce que GN est négatif dans la figure.

en faisant $\gamma = \frac{2A}{\sqrt{4A^2 + B^2 + 4AB \cos \varepsilon}}$. Cette valeur de x étant mise dans l'équation (C), il vient

$$u = \pm \frac{1}{2A} \sqrt{p - 2n\gamma t - m\gamma^2 t^2} \ldots \text{(D)}.$$

Telle est la relation qui doit exister entre les lignes DN et NM. En faisant $t + \frac{n}{m\gamma} = s$, et substituant dans l'équation (D), on a

$$u = \pm \frac{1}{2A} \sqrt{m\gamma^2 \left(\frac{pm + n^2}{m^2\gamma^2} - s^2\right)}.$$

Faisant, pour abréger,

$$\frac{pm + n^2}{m^2\gamma^2} = a'^2 \text{ et } \frac{pm + n^2}{4mA^2} = b'^2,$$

la dernière valeur de u donne enfin

$$u^2 = \frac{b'^2}{a'^2} (a'^2 - s^2) \ldots \text{(E)}.$$

Pour savoir quelle est la ligne représentée par s, il est évident qu'il faut prendre $DO = \frac{n}{m\gamma}$; alors on aura $ON = t + \frac{n}{m\gamma} - ON = S$.

Ainsi l'équation (E) exprime la relation entre les coordonnées ON et NM. Il est aisé de démontrer que le point O est le centre de l'ellipse, et que $II' = 2a'$ et $LL' = 2b'$ sont deux diamètres conjugués, dont le dernier est parallèle à l'axe AY.

Connaissant le centre de l'ellipse, deux diamètres conjugués et l'angle qu'ils comprennent, on a plusieurs moyens de trouver les axes de l'ellipse, et par conséquent de la décrire. Nous allons les indiquer.

3. Il a été démontré (nos 136 et 137) [Lacroix], qu'entre les deux demi-axes a et b, et les deux demi-diamètres conjugués a' et b', on a ces deux relations : $a^2 + b^2 = a'^2 + b'^2$, et $ab = a'b'f$, f exprimant le sinus de l'angle formé par les diamètres conjugués.

Si l'on ajoute à la première le double de la seconde, et si l'on retranche de la première le double de la seconde, on aura deux équations; et tirant la racine quarrée de chacune, on aura

$$a + b = \sqrt{a'^2 + b'^2 + 2a'b'f};$$

et

$$a - b = \sqrt{a'^2 + b'^2 - 2a'b'f};$$

d'où l'on tire sur-le-champ

$$2a = \sqrt{(a'^2 + b'^2 + 2a'b'f)} + \sqrt{(a'^2 + b'^2 - 2a'b'f)},$$

et

$$2b = \sqrt{a'^2 + b'^2 + 2a'b'\int} - \sqrt{a'^2 + b'^2 - 2a'b'\int}.$$

Ces quantités radicales se construisent commodément par le moyen du triangle obliquangle; car le premier radical se rapporte au cas où la perpendiculaire tombe au-dehors, et le second radical, au cas où la perpendiculaire tombe au-dedans.

Soit (fig. 2) OL et OI les deux demi-diamètres conjugués : soit menée LQ perpendiculaire sur OI, et soit prolongée LQ d'une quantité LK = OI, on aura, pour l'expression du premier radical,

$$\text{OK} = \sqrt{\text{OL}^2 + \text{LK}^2 + 2\text{LK} \times \text{LQ}}$$
$$= \sqrt{a'^2 + b'^2 + 2a'b'\int}.$$

Soit en outre LK′ = OI, on aura, pour l'expression du second radical,

$$\text{OK}' = \sqrt{a'^2 + b'^2 - 2a'b'\int}.$$

Le reste de l'opération n'a plus rien de difficile. Cette construction est extraite de l'ouvrage de Puissant, n° 59 : elle est beaucoup plus simple que celle que l'on trouve dans l'application de Bezout, n° 315. En voici une autre tirée de la Géométrie analytique de Biot, n° 146.

Sur le plus grand des deux diamètres conjugués $2a'$, par exemple, comme grand axe, on décrira une ellipse dont le petit axe soit $2b'$. Ayant mené des ordonnées rectangulaires à l'axe $2a'$, on inclinera chaque ordonnée sous l'angle formé par les deux diamètres conjugués, en la faisant tourner autour de son pied et sans changer sa longueur. La courbe passant par les extrémités des ordonnées ainsi inclinées, sera l'ellipse cherchée.

4. *Seconde Méthode.* La méthode du n° (2) consiste, comme on a vu, à déterminer la position et la grandeur de deux diamètres conjugués. On peut remplir cet objet en suivant la marche du présent article.

Nous avons vu que l'équation

$$y = -\frac{Bx + D}{2A},$$

tirée de l'équation (B), exprimait un diamètre de l'ellipse. Si on avait résolu l'équation (A), par rapport à x, on aurait trouvé que

$$x = -\frac{By + E}{2C} \text{ ou } y = -\frac{2Cx + E}{B}$$

est l'équation d'un autre diamètre de l'ellipse: l'intersection de ces deux diamètres donnera donc le centre : l'elimination de ces deux équations donnera aussi les coordonnées de ce centre, qui seront (fig. 1)

$$x = AR = \frac{BD - 2AE}{B^2 - 4AC}; \quad RO = \frac{BE - 2CD}{B^2 - 4AC} = y.$$

En substituant cette valeur de x dans l'équation (B), on aura les valeurs de RL et RL'; en les retranchant, on aura le diamètre

$$LL' = 2\sqrt{\frac{BDE - AE^2 - CD^2}{A(B^2 - 4AC)} - \frac{F}{A}}.$$

Il faut encore trouver le diamètre conjugué II'; pour cela on observera que, dans les points de tangence I et I', les doubles valeurs des ordonnées sont égales, ce qui exige que le radical de l'équation (B) soit 0; égalant donc ce radical à zéro, on aura les abscisses AH et AH', qui étant remises dans l'équation (B), feront connaître les ordonnées HI et H'I' : on trouvera ainsi

$$AH = -\frac{2AE+BD}{B^2-4AC} + \sqrt{\frac{4A(AE^2+CD^2-BDE)}{(B^2-4AC)^2}+\frac{4AF}{B^2-4AC}};$$

$$AH' = -\frac{2AE+BD}{B^2-4AC} - \sqrt{\frac{4A(AE^2-CD^2-BDE)}{(B^2-4AC)^2}+\frac{4AF}{B^2-4AC}};$$

$$HI = -\frac{BE-2CD}{B^2-4AC} - \frac{B}{2A}\sqrt{\frac{4A(AE^2+CD^2-BDE)}{(B^2-4AC)^2}+\frac{4AF}{B^2-4AC}};$$

$$H'I' = -\frac{BE-2CE}{B^2-4AC} + \frac{B}{2A}\sqrt{\frac{4A(AE^2+CD^2-BDE)}{(B^2-4AC)^2}+\frac{4AF}{B^2-4AC}}.$$

Reste à trouver l'expression du demi-diamètre conjugué OI', laquelle est

$$OI' = \sqrt{\overline{OQ}^2+\overline{QI'}^2-2OQ.QI'.\cos\varepsilon};$$

les substitutions faites on trouve

$$OI' = \sqrt{1+\frac{B^2}{4A^2}-2\cos\varepsilon\frac{B}{2A}}\sqrt{\frac{4A(AB^2+CD^2-BDE)}{(B^2-4AC)^2}+\frac{4AF}{B^2-4AC}}.$$

Connaissant deux diamètres conjugués et l'angle qu'ils comprennent, on déterminera les axes de l'ellipse comme dans la première méthode.

Remarquons qu'en résolvant l'équation (A) par rapport à x, comme nous l'avons fait par rapport à y, on aurait un parallélogramme formé par quatre tangentes, deux parallèles à l'axe des x, et deux à celui des y. La question serait réduite à inscrire une ellipse qui touchât deux côtés du parallélogramme dans deux points donnés. En prenant une diagonale pour diamètre de l'ellipse, elle partagerait en deux également la ligne qui joindrait deux points de contact; une ligne parallèle à cette dernière et passant par le centre, donnerait la direction du diamètre conjugué à la diagonale, et dont il serait aisé d'avoir la grandeur. Nous ne nous arrêterons pas à ce moyen qui n'est pas plus simple que le précédent.

5. *Troisième méthode.* Soit O (fig. 3) le centre d'une ellipse dont le demi-grand axe $OB = a$, et le demi-petit axe $OC = b$. Si on rapporte les points M de cette courbe aux axes par les coordonnées rectangulaires $OP'' = x''$ et $P''M = y''$, l'équation de cette ellipse sera

$$a^2y''^2 + b^2x''^2 - a^2b^2 = 0.$$

Mais si l'on rapporte les points M de la courbe à deux autres axes OX' et OY' faisant entre eux un angle quelconque $X'OY'$, l'équation à l'ellipse, en prenant les coordonnées $OP'=x'$ et $P'M=y'$ parallèles aux nouveaux axes, aura un terme de plus de la forme $fx''y''$, f étant une constante, à moins que les axes OX', OY ne soient des diamètres conjugués.

Enfin si on rapporte l'ellipse à deux autres axes AX et AY parallèles aux précédens, par les coordonnées $AP=x$ et $PM=y$, l'équation aura deux termes de plus, tels que Dy et Ex, c'est-à-dire qu'elle aura six termes, et sera aussi générale qu'elle peut l'être.

Lors donc que l'on propose de construire l'équation générale

$$Ay^2+Bxy+Cx^2+Dy+Ex+F=0 \ldots\ldots (A),$$

on sait que les points de la courbe sont rapportés à deux axes AX et AY, faisant entre eux l'angle $XAY=\varepsilon$; et il s'agit de trouver la position et la grandeur des axes OB et OC, afin de pouvoir construire la courbe par des opérations graphiques.

Dans les deux méthodes précédentes, nous avons appris à trouver le centre O et deux diamètres conjugués : maintenant nous allons chercher directement le grand et le petit axe, ce qui évite le circuit inutile de revenir des diamètres conjugués aux axes.

Dans les méthodes précédentes, nous avons trouvé les coordonnées du centre O, qui sont

$$AR = \frac{2AE - BD}{B^2 - 4AC} \quad \text{et} \quad RO = \frac{2CD - BE}{B^2 - 4AC};$$

il ne reste qu'à trouver la grandeur de OB et OC, ainsi que l'angle X'OB.

Appelons θ, l'angle X'OB et θ', l'angle y'OB = OSP'. La comparaison trigonométrique des sinus avec les côtés dans les deux triangles OSP', SP"M, dont le dernier est rectangle, donne

$$SP' = \frac{\sin\theta}{\sin\theta'}\,x'; \quad OS = \frac{\sin\varepsilon}{\sin\theta'}\,x';$$

$$SP'' = \frac{\cos\theta'}{\sin\theta'}\,y''; \quad SM = \frac{1}{\sin\theta'}\,y''.$$

L'inspection de la figure donne

$$OP'' = OS + SP'' \quad \text{et} \quad P'M = P'S + SM;$$

c'est-à-dire,

$$x'' = \frac{\sin\varepsilon}{\sin\theta'}\,x' + \frac{\cos\theta'}{\sin\theta'}\,y'';$$

$$y' = \frac{\sin\theta}{\sin\theta'}\,x' + \frac{1}{\sin\theta'}\,y''.$$

La première équation donne

$$x' = \frac{x'' \sin \theta' - y'' \cos \theta'}{\sin \varepsilon} \ldots\ldots (1).$$

Substituant cette valeur de x' dans celle de y', on a une autre équation, dans laquelle remarquant que $\varepsilon = \theta' + \theta$, et réduisant, il vient

$$y' = \frac{x'' \sin \theta + y'' \cos \theta}{\sin \varepsilon} \ldots\ldots (2).$$

Les équations (1) et (2) donnent les relations pour passer du système des coordonnées obliques x', y' à celui des coordonnées rectangulaires x'' et y''.

Si dans l'équation (A), on substitue $x' + AR$ pour x, et $y' + RO$ pour y, on a après les réductions, en faisant pour abréger........

$$G = \frac{AE^2 + CD^2 - ADE}{B^2 - 4AC} + F,$$

$$Ay'^2 + Bx'y' + Cx'^2 + G = o \ldots\ldots (3):$$

c'est là l'équation de l'ellipse rapportée aux axes OX', OY'.

Si dans cette équation on substitue pour x' et y' leurs valeurs données par les équations (2) et (3), on a la transformée

$$
\begin{aligned}
&y''^2\,(A\cos\theta^2 - B\cos\theta\cos\theta' + C\cos\theta'^2)\\
&+x''y''\left(\begin{aligned}&2A\sin\theta\cos\theta - B\sin\theta\cos\theta' \pm B\cos\theta\sin\theta'\\ &\qquad\mp 2C\sin\theta'\cos\theta'\end{aligned}\right)\\
&+x''^2\,(A\sin\theta^2 \pm B\sin\theta\sin\theta' + C\sin\theta'^2)\\
&+G\sin\varepsilon^2 = 0\ldots\ldots\ldots\ldots\ldots\ldots(4).
\end{aligned}
$$

C'est là l'équation de l'ellipse rapportée aux axes OB et OC rectangulaires. Le terme affecté de $x''y''$ doit donc s'anéantir de lui-même, et il en résulte les deux équations suivantes :

$$
\begin{aligned}
&y''^2(A\cos\theta^2 - B\cos\theta\cos\theta' + C\cos\theta'^2)\\
&+x''^2(A\sin\theta \pm B\sin\theta\sin\theta' + C\sin\theta'^2) + G\sin\varepsilon^2 = 0\ldots(5);\\
&2A\sin\theta\cos\theta - B\sin\theta\cos\theta' \pm B\cos\theta\sin\theta'\\
&\qquad\mp 2C\sin\theta'\cos\theta' = 0\ldots\ldots\ldots\ldots(6).
\end{aligned}
$$

L'équation (5) est celle de l'ellipse rapportée à son grand et à son petit axe. L'équation (6) exprime la relation qui doit exister pour que l'équation (5) soit vraie.

Si dans l'équation (6) on met $\varepsilon-\theta$ pour θ', et qu'on divise tous les termes par $\cos\theta^2$, on aura une équation du second degré qui, étant résolue, donne

$$
\tang\theta = \frac{B\cos\varepsilon + C\sin\varepsilon^2 - C\cos\varepsilon^2 - A}{2C\sin\varepsilon\cos\varepsilon - B\sin\varepsilon}
$$
$$
\pm\sqrt{\left(\frac{B\cos\varepsilon + C\sin\varepsilon^2 - C\cos\varepsilon^2 - A}{2C\sin\varepsilon\cos\varepsilon - B\sin\varepsilon}\right)^2 + 1}\ldots(7).
$$

Mais on peut avoir une expression plus

simple de la valeur de θ. En effet, si l'on fait $\theta' - \theta = \Delta$, il en résulte, à cause de $\theta' + \theta = \varepsilon$,

$$2\theta = \varepsilon - \Delta \quad \text{et} \quad 2\theta' = \varepsilon + \Delta;$$

puis

$$2 \sin\theta \cos\theta = \sin 2\theta = \sin(\varepsilon - \Delta),$$

et

$$2 \sin\theta' \cos\theta' = \sin 2\theta' = \sin(\varepsilon + \Delta).$$

Substituant dans l'équation (6) on a une transformée du premier degré qui, étant divisée par cos Δ, donne

$$\text{tang.}\,\Delta = + \frac{\sin\varepsilon\,(C - A)}{B - \cos\varepsilon\,(A + C)} \cdots (8),$$

expression remarquable par sa simplicité, et qui fait aisément connaître θ; car on en tire

$$\text{tang}\,2\theta = \frac{\text{tang}\,\varepsilon - \text{tang}\,\Delta}{1 + \text{tang}\,\varepsilon.\,\text{tang}\,\Delta} \cdots (9).$$

Remarquons, en passant, que la valeur de θ ne dépend que des trois coefficiens, A, B, C, de l'équation générale (A). Il ne reste plus qu'à trouver les demi-axes a et b. Pour cela, il faut mettre l'équation (5) sous la forme

$$y''^2 = \frac{b^2}{a^2}\,(a^2 - x''^2),$$

et l'on trouve facilement

$a^2 =$

$$a^2 = \frac{-G \sin \varepsilon^2}{A \sin \theta^2 \pm B \sin \theta \sin \theta' + C \sin \theta'^2} \ldots\ldots (1),$$

et

$$b^2 = \frac{-G \sin \varepsilon^2}{-B \cos \theta \cos \theta' + A \cos \theta^2 + C \cos \theta'^2} \ldots\ldots (11)$$

je vais chercher dans quel eas l'ellipse est un cercle. Pour que cela ait lieu, il faut qu'on ait $a = b$; c'est-à-dire

$$A \sin \theta^2 + B \sin \theta \sin \theta' + C \sin \theta'^2$$
$$= \cos \theta^2 + C \cos \theta'^2 - B \cos \theta \cos \theta';$$

cette équation se ramène par des transformations et à l'aide des valeurs trouvées, à la forme suivante:

$$(B - (A + C) \cos \varepsilon)^2 + (C - A) \sin \varepsilon^2 = 0.$$

Il est évident que cette équation de condition étant composée de la somme de deux carrés, elle ne peut avoir lieu qu'autant que chacun d'eux est nul en même temps, ce qui donne les deux conditions

$$A = C; \; B = 2A \cos \varepsilon \ldots\ldots (12);$$

c'est par là qu'on peut reconnaître immédiatement si l'équation (A) appartient au cercle: ce résultat remarquable ne se trouve dans aucun livre d'élément que je connaisse; on y trouve seulement que dans le cas particulier de $\varepsilon = 1$ quadran, on doit avoir

$$B = 0 \text{ et } A = C:$$

on peut donner une forme plus commode aux expressions de a et de b : en effet on a

$$\sin\theta^2 = \frac{\text{tang}\,\theta^2}{1 + \text{tang}\,\theta^2}\,;\ \cos\theta^2 = \frac{1}{1 + \text{tang}\,\theta^2}\,;$$

et substituant on a

$$a^2 = \frac{-G\sin\varepsilon^2\,(1 + \text{tang}\,\theta^2)}{A\,\text{tang}\,\theta^2 - B\,\text{tang}\,\theta\,(\cos\varepsilon\,\text{tang}\,\theta - \sin\varepsilon) + C\,(\cos\varepsilon.\,\text{tang}\,\theta - \sin\varepsilon)^2} \ldots (13),$$

$$b^2 = \frac{-G.\sin.\varepsilon^2.\,(1 + \text{tang}\,\theta^2)}{A - B(\cos\varepsilon + \sin\varepsilon\,\text{tang}\,\theta) + C(\cos\varepsilon + \sin\varepsilon\,\text{tang}\,\theta)^2} (14).$$

Avant de faire usage des formules précédentes, il est bon de faire quelques remarques sur l'embarras des signes.

Quelle que soit la position de l'ellipse à l'égard des axes OX′ et OY′, il y aura toujours nécessairement un des deux demi-axes de l'ellipse qui sera compris dans le quadran des x' et tangentes θ positifs. Or, l'équation (7) a toujours l'une de ses racines positive et l'autre négative, et je dis que la racine positive donne l'angle X′OB formé par l'un des axes de l'ellipse avec l'axe OX′ des x', et que la racine négative donne la tangente de l'angle X′OC que l'autre axe de l'ellipse fait avec le même axe OX'. En effet, l'équation de l'axe OB est $y'' = \gamma x''$, en appelant γ la valeur positive de la tang θ : l'équation de l'axe OC est $y'' = \gamma' x''$, en appelant γ' la valeur négative de tang θ. Si ces deux lignes sont perpendiculaires, on doit avoir $\gamma\gamma' + 1 = 0$: or, c'est ce qui se vérifie aisément ; donc les deux lignes représentées par l'équation (7), sont en effet perpendiculaires entre elles.

On prouverait de la même manière que les deux racines de tang θ' expriment les angles que l'axe OY' fait avec les deux axes de l'ellipse. Cette valeur de tang θ' s'obtient en changeant le signe de B, et de plus A en C et C en A dans la valeur de tang θ.

Une autre remarque mérite d'être faite. Dans la figure, l'axe OB est dans l'angle X'OY'; mais il peut tomber en dehors de cet angle : alors on n'a plus $\theta + \theta' = \varepsilon$; mais $\theta - \theta' = \varepsilon$. Il n'est pas nécessaire de refaire les calculs pour ce cas ; il suffit de faire θ' négatif dans les résultats trouvés, c'est-à-dire de changer le signe de sin θ' dans les équations (10) et (1). Si on calcule aussi, pour ce cas, la valeur de Δ, on trouvera qu'elle ne diffère que par le signe : c'est pour cela que nous l'avons affectée du double signe $\pm$ dans l'équation (8) : à l'égard de l'équation (7), elle est la même dans les deux cas, quelle que soit la position de l'ellipse.

Enfin, si ε est obtus, cet angle pourra renfermer les deux axes de l'ellipse; il suffit alors de faire $\cos \varepsilon$ négatif.

On peut encore se proposer de fixer les caractères auxquels on peut reconnaître d'avance si a sera le grand ou le petit axe : pour cela il faut remarquer que A et C sont toujours de même signe, et G de signe différent; sans quoi, en faisant alternativement $x=0$ et $y=0$ dans l'équation (3), on aurait des valeurs imaginaires pour y' et pour x'. Ensuite a sera le grand axe, quand son dénominateur sera plus petit que celui de b, c'est-à-dire quand le premier moins le second est une quantité négative. En faisant ce calcul, on trouve que cette différence est

$$\frac{\cos \Delta}{B-\cos \varepsilon\,(A+C)}[(B-\cos \varepsilon\,(A+C)^2+\sin \varepsilon^2 (C-A)^2]:$$

le signe de cette quantité ne dépendant point de la somme des deux quarrés, qui est toujours positive, il suffit de considérer le signe de $\frac{\cos \Delta}{B-\cos \varepsilon\,(A+C)}$; mais si on fait attention que le signe de $\cos \Delta$ est le même que celui de tang Δ, en mettant tang Δ pour cos Δ, il viendra

$$\pm \frac{\sin \varepsilon\,(C - A)}{(B - \cos \varepsilon\,(C + A))^2};$$

de plus le signe de sin ε, ainsi que celui du dénominateur quarré sont toujours positifs ; il suffira donc d'avoir égard au signe de $\pm (C - A)$. Ainsi, a sera le grand axe, si $A > C$, dans le cas où l'un des axes de l'ellipse ou tous deux sont compris dans l'angle X'OY'

a sera encore le grand axe, si $A < C$, dans le cas où les deux axes de l'ellipse tombent en dehors de l'angle X'OY'.

Le premier cas a lieu quand $\varepsilon > \theta$, et le second quand $\varepsilon < \theta$.

Les formules trouvées deviennent beaucoup plus simples dans le cas particulier de $\varepsilon = 1$ quadran ; car alors $\cos \varepsilon = 0$, et l'on a

$$\text{tang}\,\theta = \frac{A - C}{B} \pm \sqrt{\left(\frac{A - C}{B}\right)^2 + 1} \ldots (7').$$

$$a^2 = \frac{-G\,(1 + \text{tang}\,\theta^2)}{A\,\text{tang}\,\theta^2 + B\,\text{tang}\,\theta + C} \ldots (13').$$

$$b^2 = \frac{-G\,(1 + \text{tang}\,\theta^2)}{A - B\,\text{tang}\,\theta + C\,\text{tang}\,\theta^2} \ldots (14').$$

Récapitulation. Étant donnée l'équation (A), qu'on sait appartenir à l'ellipse, il faudra, pour la construire,

1° Chercher son centre O par les valeurs rapportées de AR et de RO;

2° Chercher la position de l'axe OB de l'ellipse, compris dans le quadrant positif, en calculant la valeur positive de tang θ ou tang X'OB par l'équation (7), ou bien par les équations (8) et (9);

3° Les équations (13) et (14) feront connaître les demi-axes de l'ellipse, dont le plus grand sera donné par l'équation (13), si l'on a en même temps $A > C$, et $\varepsilon > \theta$, ou bien si $A < C$ et $\varepsilon < \theta$. L'ellipse sera un cercle, si $A = C$ et $B = 2A \cos \varepsilon$, et son rayon sera $\sqrt{\frac{-G}{A}}$.

Notes. Si dans l'équation (7), débarrassée de son radical et de son dénominateur, on fait $A = C$ et $B = 2A \cos \varepsilon$, elle se vérifie indépendamment de toute valeur de tang θ. Donc l'axe OB est une normale dans toutes ses positions; donc l'ellipse est un cercle.

Cette propriété peut encore se démontrer ainsi qu'il suit : Si dans l'équation (3) du n° 5, on fait $A = C$ et $B = 2A \cos \varepsilon$, elle devient

$$y'^2 + 2x'y' \cos \varepsilon + x'^2 = \frac{-G}{A}.$$

On voit aisément que le premier membre est l'expression de $\overline{OM}^2$; donc tous les diamètres sont égaux à $\sqrt{\frac{-G}{A}}$; donc l'ellipse est un cercle dont le rayon est $\sqrt{\frac{-G}{A}}$; conclusion qui ne se manifeste pas dans les équations (13) et (14), ni dans l'équation (7), à cause des quantités indéterminées $\frac{0}{0}$.

La figure (4) représente le cas où les axes de l'ellipse embrassent l'angle X'OY. Voici une manière élégante de trouver les équations analogues à (1 et 2) qui devront être de cette forme:

$$x' = \alpha x'' + \beta y'' \text{ et } y' = \alpha' x'' + \beta' y'';$$

α, β, α', β' étant des coefficiens indéterminés. Dans la figure (4) l'on a

$$OP' = -x'\,;\ P'M = y'\,;\ OP'' = x''\,;\ P''M = y'';$$

mais si on suppose que le point M tombe sur le point C', on aura

$$OP''' = x'\,;\ P'''C' = -y'\,;\ OC' = y''\,;\ x'' = 0;$$

et si on suppose ensuite que le point M tombe en B, on aura pour ce cas

$$OP^{IV} = -x'\,;\ P^{IV}B = y'\,;\ OB = x''\,;\ y'' = 0.$$

De plus, quand on fait alternativement x''

$=0$ et $y''=0$ dans les équations ci-dessus, elles donnent

$$\mathit{6}=\frac{x'}{y''};\ \mathit{6}'=\frac{y'}{y''};\ \alpha=\frac{x'}{x''};\ \alpha'=\frac{y'}{x''}$$

les valeurs de α, $\mathit{6}$, α', $\mathit{6}'$, doivent se vérifier dans ces deux cas : or on voit aisément qu'on a les angles

$$\text{OP}'''\text{C}'=\varepsilon;\ \text{P}'''\text{OC}'=1^q-\theta;\ \text{OC}'\text{P}'''=1^q+\theta';$$
$$\text{OP}^{\text{iv}}\text{B}=\varepsilon;\ \text{P}^{\text{iv}}\text{OB}=2^q-\theta;\ \text{P}^{\text{iv}}\text{BO}=\theta';$$

comparant les sinus de ces angles avec les côtés opposés dans les triangles OC'P''' et OBP^{iv}, on conclut

$$\alpha=-\frac{\sin\theta'}{\sin\varepsilon};\ \mathit{6}=\frac{\cos\theta'}{\sin\varepsilon};\ \alpha'=\frac{\sin\theta}{\sin\varepsilon};\ \mathit{6}'=-\frac{\cos\theta}{\sin\varepsilon};$$

et par conséquent

$$x'=\frac{y''\cos\theta'-x''\sin\theta'}{\sin\varepsilon};\ y'=\frac{x''\sin\theta-y''\cos\theta}{\sin\varepsilon}.$$

Ces deux équations ne diffèrent de celles (1) et (2) que par le signe de y'' et de sin θ'. Le signe de y'' n'influe point sur les équations (5) et (6) et celles qui s'ensuivent ; quant à celui de sin. θ', il influe sur les équations (4), (5), (6), (8), (9) (10), mais non sur les équations (7, 13 et 14). Le signe inférieur dans les termes qui en ont deux, appartient au cas de la figure (4) dont il s'agit ici. Au reste, en se servant des équations (7, 13 et 14), on est dispensé d'avoir égard au double signe.

6. *Quatrième méthode.* Dans la méthode que je vais exposer, on n'a pas besoin de changer la direction des axes primitifs des coordonnées : il suffit de les faire mouvoir parallèlement pour transporter l'origine au centre de l'ellipse, encore cette préparation n'est-elle pas nécessaire et n'a-t-elle d'autre objet que de simplifier les calculs. Je ne connais aucun auteur qui ait rien donné de semblable à cette quatrième méthode qui pourra paraître remarquable par son élégance et sa simplicité.

Soit toujours

$$Ay^2 + Bxy + Cx^2 + Dy + Ex + F = 0 \dots. (A)$$

l'équation à construire. Après s'être assuré qu'elle appartient à l'ellipse, qu'elle n'est pas décomposable en facteur du premier degré, et qu'elle ne renferme (*Voyez* le n° 34) aucune absurdité. Comme dans les méthodes précédentes, on fera

$$x + AR = x' \text{ et } y + RO = y'$$

et on aura la transformée

$$Ay'^2 + Bx'y' + Cx'^2 + G = 0 \dots.. (1) :$$

AR, RO, et G sont des qualités connues et données dans la méthode précédente.

Avant d'aller plus loin, il faut résoudre un petit problème qui servira de lemme à ce qui suit.

On donne dans les élémens la condition qui doit avoir lieu pour que deux lignes soient perpendiculaires entre elles, mais on y suppose que les coordonnées de ces lignes droites sont rectangulaires : il s'agit de trouver la condition demandée quand les coordonnées sont obliques. Soit $y=Px+d$ et $y=P'x+d'$ les équations de deux droites dont les coordonnées x et y sont obliques, on demande la relation qui doit exister entre les coefficiens pour que ces droites soient perpendiculaires entre elles. D'abord je remarque que cette relation ne dépend pas de d et d'; je fais donc mouvoir ces deux droites parallèlement à elles-mêmes jusqu'à ce qu'elles passent par l'origine. Leurs équations deviennent

$$y=Px \text{ et } y=p'x.$$

Il faut trouver la relation de P à P'.

Soit (fig. 3) BB' et CC' les droites qui doivent être perpendiculaires; OX' l'axe de x; OY' celui de y; ε l'angle X'OY' qu'ils comprennent. L'équation de la droite BB' (en menant SS′ parallèle à OY′, en faisant OP′ = 1; P′S = p; P′S′ = p'), sera

$$y = \mathrm{P}x,$$

et celle de la droite CC′ sera

$$y = p'x.$$

Les triangles obliquangles OPS et OP′S′ donnent

$$\overline{\mathrm{OS}}^2 = 1 + p^2 + 2p\cos\varepsilon \text{ et } \overline{\mathrm{OS}'}^2 = 1 + p'^2 - 2p'\cos\varepsilon:$$

le triangle rectangle SOS′ donne

$$\overline{\mathrm{SS}'}^2 = \overline{\mathrm{OS}}^2 + \overline{\mathrm{OS}'}^2;$$

c'est-à-dire

$$(p + p')^2 = 2 + p^2 + p'^2 + 2\cos\varepsilon\,(p - p')$$

d'où l'on tire

$$p' = \frac{1 + p\cos\varepsilon}{p + \cos\varepsilon};$$

mais comme p' tombe par rapport à OX′ du côté opposé à p, il faut lui donner un signe contraire, sans quoi l'équation $y = p'x$ ne serait pas celle de la droite CC′, mais celle d'une autre droite qui ferait avec OX′ et en dessus un angle égal P′OS′ : ainsi il faut écrire

$$-p' = \frac{1 + p\cos\varepsilon}{p + \cos\varepsilon} \text{ ou } pp' + 1 + \cos\varepsilon(p + p') = 0) \ldots (2).$$

Il faut remarquer dans les applications que $\cos \varepsilon$ devient négatif quand ε est obtus.

La relation de p à p' étant trouvée, l'équation de l'un des axes OB de l'ellipse sera

$$y' = px' \quad \ldots\ldots (3)$$

et celle de l'autre OC sera

$$y' = p'x' \quad \ldots\ldots (4).$$

L'équation d'une droite passant par B, et tangente à l'ellipse, ou parallèle à OC, sera

$$y' = p'x' + d \quad \ldots\ldots (5);$$

d étant une constante indéterminée.

Au point B les coordonnées x', y', de la ligne OB, celles de la perpendiculaire en ce point, et celles de l'ellipse, seront les mêmes, et l'on pourra les éliminer; mais il faut auparavant déterminer la valeur de d.

Si on substitue dans l'équation (1) pour y' sa valeur $p'x' + d$, on aura en le résolvant par rapport à x', la suivante,

$$x' = -\tfrac{1}{2}\,\frac{(2\,Ap' + B)\,d}{Ap'^2 + Bp' + C}$$

$$\pm \sqrt{\frac{d^2}{4}\left(\frac{2\,Ap' + B}{Ap'^2 + Bp' + C}\right)^2 - \frac{G + A\,d^2}{Ap'^2 + Bp' + C}} \quad \ldots (6)$$

Les deux valeurs de x' données par cette

équation, désignent les abcisses des deux points où la droite représentée par l'équation (5) coupe l'ellipse. Pour exprimer que cette droite est tangente à l'ellipse, il faut écrire que les deux valeurs de x' sont égales, c'est-à-dire égaler à zéro le radical de l'équation (6), il en résulte l'équation.

$$d^2 = \frac{-4G(Ap'^2 + Bp' + C)}{4AC - B^2} \;\ldots\ldots (7)$$

Il faut maintenant éliminer x', y', et d, des équations (1, 3, 5, et 7) cette élimination qui se fait aisément, fournit une équation dont on peut tirer la racine quarrée, et qui donne
$2App' + B(p+p') + 2C = 0 \;\ldots\ldots (8)$.

Il ne reste plus pour avoir p ou p', que d'éliminer l'une des deux entre les équations (2 et 8). Comme elles sont symétriques par rapport à p et p', elles donnent la même expression pour p et p', on trouve aisément

$$p = \frac{A-C}{B-2A\cos\varepsilon} \pm \sqrt{\left(\frac{A-C}{B-2A\cos\varepsilon}\right)^2 + \frac{B-2C\cos\varepsilon}{B-2A\cos\varepsilon}} \;(9);$$

d'où il suit qu'on a

$$p' = \frac{A-C}{B-2A\cos\varepsilon}$$

$$\mp \sqrt{\left(\frac{A-C}{B-2A\cos\varepsilon}\right)^2 + \frac{B-2A\cos\varepsilon}{B-2A\cos\varepsilon}} \;\ldots (9')$$

si on combine alternativement l'équation (1) avec les équations des axes $y'=px'$ et $y'=p'x'$, on trouve aisément

$$\mathrm{OH}=\pm\sqrt{\frac{-\mathrm{G}}{\mathrm{A}p^2+\mathrm{B}p+\mathrm{C}}} \ldots\ldots (10);$$

$$\mathrm{BH}=p.\,\mathrm{OH} \ldots\ldots (11);$$

$$\mathrm{OH}'=\pm\sqrt{\frac{-\mathrm{G}}{\mathrm{A}p'^2+\mathrm{B}p'+\mathrm{C}}} \ldots\ldots (12);$$

et

$$\mathrm{C}'\mathrm{H}'=\mathrm{OH}' \ldots\ldots (13).$$

De plus, les triangles obliquangles OHB et OH'C' donnent

$$\overline{\mathrm{OB}}^2=a^2=\overline{\mathrm{OH}}^2+\overline{\mathrm{BH}}^2+2\cos\varepsilon.\,\mathrm{OH}.\,\mathrm{BH}$$

$$=\overline{\mathrm{OH}}^2\,(1+p^2+2\,p\cos\varepsilon)$$

et

$$\overline{\mathrm{OC}'}^2=b^2=\mathrm{OH}'^2\,(1+p'^2+2\,p'\cos\varepsilon),$$

d'où l'on tire aisément

$$a^2=\frac{-\mathrm{G}\,(1+p^2+2\,p\cos\varepsilon)}{\mathrm{A}p^2+\mathrm{B}p+\mathrm{C}} \ldots\ldots (14);$$

$$b^2=\frac{-\mathrm{G}\,(1+p'^2+2\,p'\cos\varepsilon)}{\mathrm{A}p'^2+\mathrm{B}p'+\mathrm{C}} \ldots\ldots (14').$$

Il est quelques remarques utiles à faire. L'équation qui a fourni l'équation (9) est ...

$$p^2\,(\mathrm{B}-2\,\mathrm{A}\cos\varepsilon)+2p\,(\mathrm{C}-\mathrm{A})=\mathrm{B}-2\,\mathrm{C}\cos\varepsilon.$$

On voit qu'elle est satisfaite indépendamment de toute valeur particulière de p, quand on a en même temps $A = C$ et $B = 2 \cos \varepsilon$: donc dans ce cas toutes les conditions sont remplies, c'est-à-dire que les lignes OB et OC sont perpendiculaires entre elles et normales à l'ellipse ; donc l'ellipse est un cercle, puisque ces conditions sont remplies quel que soit p ou la position des lignes ci-dessus.

Dans la méthode 3, $\tang^2 \theta$ avait toujours ses deux racines, l'une positive, l'autre négative : la positive donnait l'angle formé par l'un des axes de l'ellipse avec l'axe OX′ dans le quadran positif : la négative donnait l'angle formé par l'autre axe de l'ellipse avec le même axe OX′ dans le quadran négatif : ici, au contraire, p et p' peuvent être ou tous deux positifs ou tous deux négatifs, ou enfin l'un positif et l'autre négatif, suivant la disposition de l'ellipse par rapport aux axes des x' et y' ; mais cela ne peut donner lieu à aucune équivoque : il est indifférent de prendre le signe supérieur ou inférieur des radicaux des expressions de p et de p' : il suffit de porter sur l'axe déterminé par p la valeur de a, qui est fonction de p, et sur l'axe déterminé par p' la valeur de b fonction de p'.

On pourrait assigner d'avance si a est le

grand ou le petit axe, en se conduisant comme dans la méthode précédente; mais cette recherche est de pure curiosité.

Récapitulation.

Etant donnée l'équation (A) qui appartient à l'ellipse; 1° si A et C sont de même signe; 2° $4AC > B^2$; 3° si elle n'est pas décomposable en facteurs du premier degré; 4° si elle ne renferme rien d'absurde, ou si $(BD-2AE)^2 > (D^2-4AF)(B^2-4AC)$.

Il faudra pour construire l'ellipse représentée par cette équation :

1°. Chercher la position du centre o en prenant $AR = \frac{BD-2AE}{4AC-B^2}$; $RO = \frac{BE-2CD}{4AC-B^2}$, du côté indiqué par le signe de fractions.

2°. Chercher la position de l'un OB des demi-axes de l'ellipse, en construisant l'équation $y' = px'$, c'est-à-dire en prenant du côté positif $OP' = 1$, et menant soit en dessus, soit en dessous en suivant le signe de p, et parallèlement à OY' la ligne $P'S = p$.

3°. Mener l'autre axe OC' en construisant $y' = p'x'$, ou plus simplement, mener OC' perpendiculaire à OB.

4°. Porter sur OB la valeur de a et sur OC' celle

celle de b : on aura ainsi le demi-grand axe et le demi-petit axe : a pourra être le grand ou le petit.

L'ellipse sera un cercle dans le cas de $A=C$ et $B=2A\cos\varepsilon$, son rayon sera $\sqrt{\frac{-G}{A}}$

N. B. On peut prévoir que a sera le demi-grand axe si l'on a en même temps $A>C$ et $X'OY'>X'OB$ ou bien si $A<C$ et $X'OY'<X'OB$.

7. *Cinquième méthode déduite du calcul différentiel.* Soit toujours proposé de construire l'équation.

$$Ay^2+Bxy+Cx^2+By+Ex+F=0 \;\ldots\ldots\; (A)$$

dont les coordonnées x et y sont rapportées aux AX, AY (fig. 3) faisant entre eux l'angle $XAY=\varepsilon$. En faisant comme dans les deux dernières méthodes $x=x'+AR$ et $y=y'+RO$, on transportera l'origine en O centre de l'ellipse, sans changer la direction des axes primitifs, et l'on aura

$$Ay'^2+Bx'y'+Cx'^2+G=0 \;\ldots\ldots\; (1).$$

Il faut maintenant trouver la position des axes de l'ellipse et leur grandeur. On sait que le demi-grand axe et le demi-petit axe sont le plus grand et le plus petit de tous les demi-diamètres. L'expression du demi-diamètre $\overline{OM}^2$ est

$$x'^2 + y'^2 + 2 \cos \varepsilon \, x'y' = \overline{OM}^2 \ldots\ldots (2).$$

Cette quantité doit donc être ou un *maximum* ou un *minimum*, et sa différentielle nulle.

Les équations (1 et 2) étant différenciées, donnent

$$2\,Ay'dy' + Bx'dy' + By'dx' + 2\,Cx'dx' = 0 \ldots\ldots (3)$$

et

$$x'dx' + y'dy' + \cos \varepsilon \, x'dy' + \cos \varepsilon \, y'dx' = 0 \ldots (4).$$

Eliminant dy' entre les équations (3 et 4), dx' disparaît et l'on a l'équation

$$(B - 2A\cos\varepsilon)y'^2 - (B\,C\cos\varepsilon)x'^2 + 2(C - A)x'y' = 0 \ldots (5).$$

Remarquons déjà en passant que cette dernière équation se vérifie, indépendamment de toute valeur particulière x' et y', dans le cas de $A = C$ et $B = 2\,A\cos\varepsilon$; donc alors l'ellipse est un cercle.

L'équation (5) exprime la relation qui existe entre x' et y' dans les quatre sommets des deux axes de l'ellipse : si on y fait

$$\frac{y}{x} = p,$$

on en tire

$$p=\frac{A-C}{B-2A\cos\varepsilon}\pm\sqrt{\left(\frac{A-C}{B-2A\cos\varepsilon}\right)^2+\frac{B-2C\cos\varepsilon}{B-2A\cos\varepsilon}} \quad (6)$$

En appellant p et p' les deux valeurs de p données par cette équation (6), on vérifie la condition

$$pp'+1+\cos\varepsilon\,(p+p')=0,$$

ce qui prouve que les deux droites ou demi-diamètres représentés par les équations

$$y'=px' \text{ et } y'=p'x'$$

sont perpendiculaires entre eux.

Cette valeur de p est, comme on voit, la même qui a été trouvée par la méthode élémentaire du numéro précédent.

Au moyen de l'équation (1) et de

$$y'=px',$$

il est aisé d'avoir par l'élimination les valeurs de x' et y', c'est-à-dire

OH, BH, OH', C'H',

coordonnées des extrémités de deux demi-axes. Ces valeurs que nous avons rapportées dans la quatrième méthode, sont substituées dans l'équation (2), et mettant successivement les deux valeurs p et p', on trouvera

$$\overline{OB}^2 = a^2 = \frac{-G(1 + p^2 + 2p\cos\varepsilon)}{Ap^2 + Bp + C} \quad \ldots\ldots (7)$$

et

$$\overline{OC}^2 = b^2 = \frac{-G(1 + p'^2 + 2p'\cos\varepsilon)}{Ap'^2 + Bp' + C} \quad \ldots\ldots (8).$$

Nous avons déjà remarqué dans la quatrième méthode que les axes de l'ellipse sont susceptibles de trois positions à l'égard des axes coordonnés. En premier lieu, l'angle positif des axes des coordonnées peut comprendre un des axes de l'ellipse, qu'il soit aigu ou obtus; c'est le cas où les deux racines de p sont l'une positive et l'autre négative : en second lieu, quand ses deux racines sont négatives, l'angle ci-dessus alors aigu, ne comprend aucun des axes : en troisième lieu, quand cet angle est obtus, il peut comprenprendre les deux axes, et alors les deux racines sont positives. Au reste ces trois cas ne peuvent donner lieu à aucune équivoque, et il est même inutile de les considérer : on peut indifféremment prendre pour p, le signe $+$ ou le signe $-$ du radical de son expression, pourvu qu'on porte a sur la ligne qui a pour équation

$$y' = px',$$

et b sur celle représentée par

$$y' = p'x'.$$

8. *Sixième Méthode.* Je prends l'équation

$$Ay'^2 + Bx'y' + Cx'^2 + G = 0 \ldots (1),$$

si on fait

$$x' = \frac{q'x'' + qy''}{qq'},\ y' = \frac{pq'x'' + p'qy''}{qq'},$$

(*voyez* n° 21 nécessaire pour l'intelligence de celui-ci), on aura la transformée

$$q^2y''^2(Ap'^2 + Bp' + C) + qq'x''y''(2App' + Bp + Bp' + 2C)$$
$$+ q'^2x''^2(Ap^2 + Bp + C) + Gq^2q'^2 = 0 \ldots (2),$$

dans laquelle p', q, q' sont donnés en fonction de p, puisqu'on a

$$p' = -\frac{1 + p\cos\varepsilon}{p + \cos\varepsilon};\ q = \sqrt{1 + p^2 + 2p\cos\varepsilon};$$
$$q' = \sqrt{1 + p'^2 + 2'p\cos\varepsilon}.$$

Il faut déterminer p par la condition que

$$2App' + Bp + Bp' + 2C = 0 \ldots (3).$$

Mettant pour p' sa valeur, on a

$$p = \frac{A - C}{B - 2A\cos\varepsilon} \pm \sqrt{\left(\frac{A - C}{B - 2A\cos\varepsilon}\right)^2 + \frac{B - 2C\cos\varepsilon}{B - 2A\cos\varepsilon}},$$

le terme en $x''y''$ étant nul, l'équation (2) se

réduit à

$$q^2y''^2(Ap'^2+Bp'+C)+q'^2x''^2(Ap^2+Bp+C)$$
$$+Gq^2q'^2=0\ldots.(4);$$

d'où l'on tire tout de suite les demi-axes a et b :

$$a^2=\frac{-Gq^2}{Ap^2+Bp+C}\quad b^2=\frac{-Gq'^2}{Ap'^2+Bp'+C};$$

valeurs qui sont celles rapportées dans la quatrième Méthode, mais que nous venons de trouver plus brièvement.

Parallèle des Méthodes précédentes.

9. Les deux premières Méthodes qui consistent à trouver deux diamètres conjugués, pour en déduire ensuite les axes de l'ellipse, sont moins simples que les suivantes. La troisième, qui donne directement la tangente de l'angle formé par l'un des axes de l'ellipse avec l'axe primitif des x, est plus simple en ce qu'elle épargne le circuit pour revenir des diamètres conjugués aux axes. Enfin, la quatrième est encore plus simple, en ce qu'au lieu de donner la tangente de l'angle ci-dessus, elle fait connaître cet angle par une ligne p, parallèle à l'axe des y'. Cela revient à construire les équations $y'=px'$; $y'=p'x'$ des axes : la marche qu'on y a suivie est élégante,

en ce qu'on n'a pas eu besoin de changer la direction des axes primitifs des coordonnées. Cette Méthode a quelque analogie avec celle de Lacroix; mais elle est plus simple, en ce qu'ici la relation des quantités p, p', q, q' est toujours la même, tandis que dans Lacroix la relation des quantités m, n, p, q, oblige à considérer une équation de condition qui peut embarrasser.

Quant à la cinquième Méthode, elle conduit aux mêmes résultats que la quatrième; mais elle a l'inconvénient de sortir du cercle des élémens. La sixième, qui est élémentaire, conduit aussi très-briévement aux mêmes formules que la quatrième.

On pourrait encore trouver d'autres Méthodes de construire l'équation (A). Par exemple, on sait que les rayons de courbure des quatre sommets des deux axes font deux *maximums* et deux *minimums*; ce caractère, qui particularise ces quatre points, servirait à les trouver. On sait encore que deux rayons recteurs qui partent du foyer font des angles égaux avec la tangente. Cette propriété fournirait une autre solution, mais moins simple que les précédentes.

SECTION II.

De l'Hyperbole.

10. ÉTANT donnée l'équation

$$Ay^2 + Bxy + Cx^2 + Dy + Ex + F = 0 \ldots (A),$$

on démontre (Biot, Géométrie analytique, n° 240), qu'elle appartiendra à l'hyperbole, 1° si $B^2 > 4AC$; 2° si elle n'est pas décomposable en facteurs du premier degré.

Première Méthode. Tout ce que nous avons dit dans le Numéro 2, jusqu'à l'équation (D), a lieu ici, en changeant le mot ellipse en celui d'hyperbole, et faisant négative la lettre m, qui représente $4AC - B^2$.

En faisant donc l'équation (D),

$$t - \frac{n}{m\gamma} = S,$$

elle devient

$$u = \pm \frac{1}{2A} \sqrt{m\gamma^2 \left(S^2 + \frac{pm - n^2}{m^2\gamma^2}\right)};$$

faisant pour abréger

$$\frac{pm - n^2}{m^2\gamma^2} = \pm a'^2 \text{ , et } \frac{pm - n^2}{4mA^2} = \pm b'^2,$$

la dernière valeur de u devient

$$u^2 = \frac{b'^2}{a'^2}(S^2 \pm a'^2)\ldots.(E).$$

J'ai mis le double signe devant a'^2, parce qu'en effet la quantité représentée par a'^2 peut être négative comme positive, sans que la valeur de a devienne imaginaire : cela n'avait pas lieu dans l'ellipse où le terme S^2 était négatif.

Pour avoir la ligne représentée par S, il faut prendre (fig. 6), $DO = \frac{n}{m\gamma}$ du côté opposé où on l'avait pris dans le cas de l'ellipse. Alors on aura

$$ON = t - \frac{n}{m\gamma} = S.$$

Ainsi l'équation (E) exprime sa relation entre les coordonnées ON et NM. On démontre aisément que le point O est le centre de l'hyperbole, et que $II' = 2a'$, et $LL' = 2b'$, sont deux diamètres conjugués, dont le dernier est parallèle à l'axe AY.

La figure se rapporte au cas où a'^2 est négatif : s'il était positif, l'équation (E) pourrait se mettre sous la forme

$$S^2 = \frac{a'^2}{b'^2}(u^2 - b'^2)\ldots.(E'),$$

qui ne diffère de l'équation (E) qu'en ce que S a pris la place de *u*, et *b'* celle de *a'*. L'hyperbole représentée par l'équation (E') aura donc une position contraire, et ses diamètres auront changé de place. *b'*, qui était le diamètre imaginaire, est devenu le diamètre réel.

Dans l'ellipse, *a'* et *b'* sont tous les deux réels; dans l'hyperbole, au contraire, l'un des deux diamètres est toujours imaginaire : en les faisant réels chacun à leur tour, on a deux hyperboles différentes, qui ont les mêmes assymptotes et les mêmes diamètres conjugués. L'une est comprise dans les deux angles aigus des assymptotes, et l'autre dans les deux angles obtus. Ayant le centre de l'hyperbole, la position et la grandeur des deux diamètres conjugués, on peut décrire la courbe, soit graphiquement, soit en calculant la grandeur des axes et leur position. En appelant *a* le demi-axe, *b* le second demi-axe, *a'* et *b'* les demi-diamètres conjugués, et S le sinus de l'angle qu'ils comprennent, on a les relations $a^2 - b^2 = a'^2 - b'^2$; $ab = a'b'S$, desquelles on tire aisément les valeurs de *a* et *b*, qu'on peut ensuite construire ou calculer.

On a $a=\sqrt{\frac{1}{2}\left(a'^2-b'^2\right)+\frac{1}{2}\sqrt{(a'^2-b'^2)^2+4S^2a'^2b'^2}}$,

$b=\sqrt{-\frac{1}{2}\left(a'^2-b'^2\right)+\frac{1}{2}\sqrt{(a'^2-b'^2)^2+4S^2a'^2b'^2}}$.

Ces valeurs peuvent se construire graphiquement, mais non pas aussi simplement que celles de l'ellipse; néanmoins voici une méthode qui pourra paraître simple et élégante.

Soit CM (fig. 6 *), le demi-diamètre réel donné, et CN son demi-diamètre conjugué imaginaire aussi donné; construisez sur ces deux lignes le parallélogramme CIMN, dont CM est la diagonale, CI sera la direction de l'une des assymptotes. Ayant prolongé IM d'une quantité MI' = MI, menez CI', ce sera la direction de l'autre assymptote : menez par le point C la ligne CP qui partage en deux parties égales l'angle ICI', cette ligne sera la direction de l'axe réel. Ayant abaissé MP perpendiculaire en P, prenez CA moyenne proportionnelle entre CP et CT, CA sera le demi-axe réel : élevez la perpendiculaire AL, ce sera le demi-axe imaginaire.

Je supprime la démonstration que les élèves un peu exercés devineront aisément.

11. *Deuxième Méthode.* La Méthode du

n° 4, pour trouver deux diamètres conjugués de l'ellipse, s'applique ici en changeant le mot ellipse en celui d'hyperbole, et en la rapportant à la figure (6); seulement il faut observer que plusieurs des valeurs, n° 4, sont ici imaginaires. Nous ne nous arrêterons pas à cette Méthode, parce que les suivantes sont bien préférables.

12. *Troisième Méthode.* Tout ce que nous avons dit, n° 5, a presque entièrement lieu ici, en le rapportant à la (fig. 7). Ainsi les équations (7), (13), (14), suffiront pour trouver la position et la grandeur des axes de l'hyperbole.

Il est une différence essentielle entre les caractères qui particularisent le cercle, et ceux analogues pour l'hyperbole équilatère. Pour trouver ceux du cercle, nous avons fait $a^2 = b^2$; mais pour ceux de l'hyperbole équilatère, il faut écrire $a^2 = - b^2$, parce que l'un des deux axes est toujours imaginaire, ce qui donne

$$a = b \sqrt{-1}.$$

En faisant les calculs, on trouvera $A + C = B \cos \varepsilon$, pour la condition qui doit avoir lieu, afin que l'hyperbole soit équilatère

Cela posé, voici la règle à suivre pour construire l'hyperbole par la présente Méthode.

1°. On cherchera le centre O, soit au moyen des coordonnées AR et RO (fig. 6), rapportées n° 5, soit par l'intersection des deux droites ayant pour équation

$$y = -\frac{Bx + D}{2A} \text{ et } y = -\frac{2Cx + E}{B};$$

2° On cherchera la tangente de l'angle X'OB (fig. 6), n° 4, formé dans le quadran positif, c'est-à-dire tang θ, en prenant la valeur positive de l'équation (7), n° 5;

3°. On mènera OC' perpendiculaire sur OB, pour avoir la direction du second axe;

4°. On portera sur OB la valeur de

$$a = \sqrt{\frac{-G \sin \varepsilon^2 (1 + \text{tang}\,\theta^2)}{A \text{tang}\,\theta^2 - B \text{tang}\,\theta (\cos \varepsilon \,\text{tang}\,\theta - \sin \varepsilon) + C (\cos \varepsilon \,\text{tang}\,\theta - \sin \varepsilon)^2}};$$

on portera de même sur OC' la valeur

$$b = \sqrt{\frac{-G \sin \varepsilon^2 (1 + \text{tang}\,\theta^2)}{A - B(\cos \varepsilon + \sin \varepsilon \,\text{tang}\,\theta) + C(\cos \varepsilon + \sin \varepsilon \,\text{tang}\,\theta)^2}}.$$

L'un ou l'autre de a ou de b sera le demi-axe réel, et l'autre le demi-axe imaginaire.

L'hyperbole sera équilatère si l'on a $A + C = B \cos \varepsilon$.

Nota. Dans l'ellipse, A, C sont toujours de même signe, et G de signe différent : dans l'hyperbole, cela n'a pas lieu. Si dans l'équation à l'ellipse $a^2y^2 + b^2x^2 - a^2b^2 = 0$, on change le signe de a^2 ou celui de b^2, on a deux équations à l'hyperbole, mais disposées en sens contraire. (*Voyez* fig. 6)

15. *Quatrième Méthode.* La Méthode du n° 6 s'applique, sans aucun changement, à l'hyperbole; seulement il faut toujours remarquer que l'un des deux demi-axes a ou b sera toujours imaginaire : il n'y aura pas d'incertitude sur sa position; car, si c'est a, il sera déterminé par p, et si c'est b, il le sera par p'.

A l'égard de l'équation de condition, qui particularise l'hyperbole équilatère, nous avons déjà dit qu'elle est $A + C = B \cos \varepsilon$. Voici comment on peut la trouver. On mettra dans l'équation

$$a^2 + b^2 = 0,$$

les valeurs de a et de b en fonction de p et p', puis $\alpha + \beta$ pour p, et $\alpha - \beta$ pour p'. Après avoir fait les réductions, on remettra $\frac{A - C}{B - 2A \cos \varepsilon}$ pour α, et

$$\sqrt{\left(\frac{A - C}{B - 2A \cos \varepsilon}\right)^2 + \frac{B - 2C \cos \varepsilon}{B - 2A \cos \varepsilon}}$$

pour $\mathcal{E}$: réduction faite, on arrivera à l'équation

$$(A+C-B\cos\varepsilon)(A-C)^2+(B-2A\cos\varepsilon)(B-2C\cos\varepsilon)=0.$$

Le second facteur égalé à zéro conduit à l'équation de condition qui particularise le cercle. Le premier facteur donne $A+C = B\cos\varepsilon$; et c'est celui qui détermine l'hyperbole équilatère.

14. *Cinquième Méthode.* La méthode du numéro (7), qui n'est que celle du numéro (6) trouvé plus briévement, a encore lieu pour l'hyperbole : il serait superflu de répéter ce que nous avons dit dans le numéro précédent. Il y a cette différence que dans l'ellipse les quatre extrémités des axes donnent deux *maximums*, l'un positif, l'autre négatif, et deux *minimums* aussi de signe contraire. Dans l'hyperbole il n'y a que deux *minimums*; mais aussi a ou b sont imaginaires.

15. *Sixième Méthode.* La propriété des assymptotes fournit une manière à la fois simple et élégante de construire l'équation à l'hyperbole. Cette manière n'a pas d'analogue pour l'ellipse.

On sait que le moyen le plus simple de décrire l'hyperbole consiste à employer les deux assymptotes et un point connu de la courbe. Nous allons donc déterminer les assymptotes.

Soit toujours

$$Ay^2+Bxy+Cx^2+Dy+Ex+F=0 \;\ldots\ldots\; (A)$$

L'équation proposée. En rapportant la courbe à des axes paralles passant par son centre, on aura comme dans les méthodes précédentes,

$$Ay'^2+Bx'y'+Cx'^2+G=0 \;\ldots\ldots\; (1).$$

Tirant sa valeur de y', on aura une équation qu'on peut écrire ainsi :

$$y'=x'\left(-\frac{B}{2A}\pm\frac{1}{2A}\sqrt{B^2-4AC-\frac{4AG}{x'^2}}\right)\ldots(2).$$

Maintenant il faut observer que plus le point M (fig. 7) s'éloignera du sommet B, plus l'ordonnée P'z de l'assymptote approchera d'être égale à l'ordonnée P'm de la courbe; en sorte que quand x' sera infini, les coordonnées de la courbe et de l'assymptote seront les mêmes. Pour faire entrer cette condition dans l'équation (2), il faut anéantir le terme $\frac{4AG}{x'^2}$: alors l'équation se réduit à

$$y'=x'\left(-\frac{B}{2A}\pm\frac{1}{2A}\sqrt{B^2-4AC}\right) \;\ldots\ldots\; (3);$$

C'est

C'est là l'équation des deux assymptotes OZ, OZ', dont l'une correspond au signe + du radical et l'autre au signe — : elles sont toujours réelles, puisque $B^2 - 4\,AC$ est toujours positif. Il suffit donc de construire les deux droites représentées par l'équation (3), pour avoir les deux assymptotes.

Il ne reste plus pour pouvoir décrire l'hyperbole que d'en trouver un point. Plusieurs cas peuvent avoir lieu et plusieurs moyens se présentent pour chacun.

1°. L'angle ZOZ' aigu ou obtus peut ne comprendre aucun des axes OX' et OY'.

2°. Cet angle peut comprendre l'un des deux axes OX' et OY', et quelquefois tous deux.

En faisant $x' = 0$ dans l'équation (1), on a

$$y' = \sqrt{-\frac{G}{A}} \quad \ldots\ldots (4),$$

et en faisant $y' = 0$ on en tire

$$x' = \sqrt{-\frac{G}{C}} \quad \ldots\ldots (5).$$

Dans le second des cas ci-dessus, l'une au moins des équations (4 et 5) sera réelle et donnera très-simplement un point de la courbe;

mais dans le premier cas les deux racines des équations (4 et 5) pourront être toutes deux imaginaires et ne donneront aucun point. On pourra dans ce cas chercher un point de tangence en égalant à zéro le radical de l'équation (2) et l'on trouvera

$$\left.\begin{aligned} x' &= OQ = \sqrt{\frac{4\,AG}{B^2 - 4\,AC}} \\ \text{et} \quad y' &= QN = -\frac{Bx'}{2\,A} \end{aligned}\right\} \ldots\ldots (6).$$

Comme A est toujours censé positif dans l'équation (4) ainsi que $B^2 - 4\,AC$ dans l'équation (6), on voit que l'équation (4) donnera l'intersection de la courbe avec l'axe OY' quand G sera négatif; que l'équation (5) donnera l'intersection de la courbe avec l'axe OX' quand G et C seront de signes différens; qu'enfin les équations (6) donneront le point de l'ordonnée tangente quand G sera positif; ce qui comprend tous les cas possibles.

Remarquons que l'axe OB partage en deux l'angle ZOZ' des assymptotes : cela fournit le moyen le plus simple d'avoir la direction de cet axe. Ensuite on a $\overline{OB}^2 = OR\ OT$.

Si l'on met l'équation (3) sous la forme

$y'=px'$ et $y'=p'x'$, il faudra, dans le cas de l'hyperbole équilatère, que les droites représentées par ces équations soient perpendiculaires entre elles, c'est-à-dire que l'équation $pp'+1+\cos\varepsilon(p+p')=0$ du (6), se vérifie en y substituant les valeurs de p et p'. Cette substitution donne précisément l'équation $A+C=B\cos\varepsilon$ que nous avons déjà trouvée pour le caractère de l'hyperbole équilatère.

Récapitulation de cette méthode.

1°. On cherchera le centre O comme dans les méthodes précédentes.

2°. On aura les assymptotes en construisant les deux droites représentées par l'équation (3).

3°. On cherchera un point sur la courbe. Pour cela si G est négatif, on portera sur l'axe OY′ une partie égale $\sqrt{\frac{-G}{A}}$: si G est de signe différent que C, on portera sur l'axe OX′ une partie $=\sqrt{\frac{-G}{C}}$; enfin si ces deux cas n'ont pas lieu, G sera positif, et l'on marquera le point de contact N de l'ordonnée tangente, au moyen de valeurs rapportées de OQ et de QN.

4°. Ayant les assymptotes et un point de la courbe, on la tracera par la méthode connue.

Voici une démonstration simple de cette méthode :

Soit ZZ′ (fig. 8) une sécante quelconque; MP et M′P′ les coordonnées parallèles à l'assymptote; $OP=u$; $PM=t$; $OZ'=\alpha$; $OZ=\beta$ et γ^2 la puissance de l'hyberbole. Il faut démontrer qu'on a toujours MZ = M′Z′ l'équation de l'hyperbole sera $ut=\gamma^2$; celle de la sécante ZZ′ sera $t=-\frac{\beta}{\alpha}\left(u-\alpha\right)$. Les deux triangles Z′P′M′ et ZMQ sont semblables, parce qu'ils ont leurs côtés parallèles : il faut de plus faire voir qu'ils sont égaux, et pour cela il suffit de prouver que Z′P′ = MQ; car alors il en résultera que Z′M′ = ZM.

Si l'on égale les deux valeurs de t ci-dessus on en tire

$$\frac{\gamma^2}{u}=-\frac{\beta}{\alpha}\left(u-\alpha\right)$$

ou

$$u^2-\alpha u+\frac{\alpha\gamma^2}{\beta}=0$$

qui fournit ces deux valeurs

$$u=\frac{\alpha}{2}+\sqrt{\frac{\alpha^2}{4}-\frac{\alpha\gamma^2}{\beta}}$$

et

$$u=\frac{\alpha}{2}-\sqrt{\frac{\alpha^2}{4}-\frac{\alpha\gamma^2}{\beta}}$$

la première valeur de u est celle de OP′, donc celle de P′Z′ sera

$$P'Z' = \frac{\alpha}{2} - \sqrt{\frac{\alpha^2}{4} - \frac{\alpha\gamma^2}{6}},$$

laquelle est en effet égale à la seconde valeur de u, c'est-à-dire à OP ou MQ, ce qui démontre la proposition.

Nous avons dit, à l'occasion de l'ellipse, que la courbe était imaginaire si l'on n'avait pas la condition $(BD - 2AE)^2 - (B^2 - 4AC)(D^2 - 4AF) > 0$ .... (k) : En effet cette condition est nécessaire pour la réalité de la tangente, comme il est aisé de s'en assurer : or comme il est toujours possible de mener une tangente, quelle que soit la position des axes, il s'ensuit que l'ellipse est imaginaire quand la tangente parallèle à l'un quelconque des axes est imaginaire.

Il n'en est pas de même pour l'hyperbole : si l'un des axes des coordonnées est compris dans l'angle des assymptotes, il n'y a pas de tangente parallèle à cet axe ; si les deux axes sont compris dans cet angle, il n'y a pas de tangente, et cependant l'hyperbole n'est pas imaginaire.

16. Je vais examiner les cas où quelques-uns des coefficiens de l'équation (1) manquent.

Si $G=o$, nous avons vû par l'équation (3), qu'alors l'équation (1) est décomposable en deux facteurs du premier degré, et qu'elle exprime deux lignes droites.

Si $C=o$, l'équation (1) donne

$$x'=-\frac{Ay'^2-C}{By'}$$

et quand $y'=o$ on a $x'=\frac{1}{o}$; ce qui prouve que l'axe des x' est l'une des assymptotes.

Si $A=o$, on prouvera de même que l'axe des y' est une des assymptotes.

Enfin si l'on a en même temps $A=o$ et $C=o$, l'équation se réduit à $x'y'=-\frac{G}{B}$ et exprime une hyperbole rapportée à ses assymptotes qui sont les axes des x' et y'.

Ainsi lorsque les deux carrés x^2 et y'^2 manquent à la fois dans l'équation (A), tout se réduit à chercher le centre comme à l'ordinaire.

17. *Septième Méthode.* Ce que nous avons dit dans la sixième méthode de l'ellipse n°. 8, s'applique entièrement à l'hyperbole.

SECTION III.

De la Parabole.

28. *Première Méthode.* ÉTANT donnée l'équation (A) que je suppose n'être pas décomposable en facteurs du premier degré, on reconnaît qu'elle appartient à la parabole, si $B^2 = 4AC$. Cela posé, on se conduira comme pour l'ellipse n° (2), et faisant $M = 0$ dans l'équation (D), on aura

$$u = \pm \frac{1}{2A} \sqrt{p - 2n\gamma t} \;\ldots\ldots (1).$$

On fera $\frac{p}{2n\gamma} t = s$ et on aura la transformée

$$u^2 = \frac{n\gamma s}{2A^2} \;\ldots\ldots (2)$$

qui représente une parabole rapportée au diamètre DE, fig. (9). Il est évident qu'en prenant $DI = \frac{p}{2n\gamma}$ du côté des abcisses positives, le point I sera le sommet du diamètre, et l'on aura $IN = S$.

Pour construire la parabole, il faut marquer son foyer F. Pour cela on mènera la ligne IF faisant avec la tangente IH prolongée un angle FIT égal à l'angle d'incidence NIH et l'on fera $IF = \frac{n\gamma}{8A^2}$, c'est-à-dire au quart du paramètre $\frac{n\gamma}{2A^2}$ du diamètre ID. Menant OF parallèle à ID, on aura la direction de l'axe : on aura $FT = FI$; enfin on aura le sommet O en prenant le milieu de la soutangente RT.

19. *Deuxième Méthode.* Si dans l'équation (B) du n°. (2) on fait $B^2 = 4AC$, on a

$$y = -\frac{Bx+D}{2A} \pm \frac{1}{2A}\sqrt{2(BD-2AE)x+D^2-4AF} \ldots (1).$$

En égalant à zéro le radical, on détermine l'ordonnée tangente IH : on trouve

$$AH = \alpha' = \frac{4AF - D^2}{2(BD-2AE)},$$

d'où

$$HI = \mathcal{C}' = \frac{4\,ADE - BD - 4\,ABF}{4A\,(BD - 2\,AE)}.$$

Ayant trouvé le point de tangence I, il faut mener par ce point le diamètre ID qui a pour équation

$$y = -\frac{Bx + D}{2A}.$$

Il faut ensuite mener comme dans la méthode

précédente $IF = \frac{n\gamma}{8A^2}$; en appelant toujours ε l'angle XAY des x et y positifs. Le reste de la construction se fait comme dans la méthode précédente. En mettant pour n et γ leurs valeurs n° (2), on a

$$IF = \frac{2AE - BD}{8A\sqrt{A(A + C + B\cos\varepsilon)}}.$$

20. *Troisième Méthode.* Dans cette méthode nous nous proposerons de trouver directement les coordonnées du sommet de l'axe de la parabole et le paramètre de cet axe, sans faire le circuit pour revenir d'un diamètre à l'axe.

Soit toujours

$$Ay^2 + Bxy + Cx^2 + Dy + Bx + F = 0 \ldots\ldots (A)$$

l'équation proposée. Comme la parabole n'a pas de centre, on ne peut pas faire disparaître les deux termes $Dy + Ex$. La méthode consiste à changer tout à la fois l'origine et la direction des axes primitifs, de manière à ce que tous les termes de l'équation (A) s'anéantissent, à l'exception de deux, savoir un en y''^2, et l'autre en x''. Soit figure (10) XAY l'angle des x et y positifs; $AP = x$; $PM = y$; $AR = \alpha$; $RO = \beta$; $OP' = x'$; $P'M = y'$;

$OP'' = x''$; $P''M = y''$; OY' et OX' sont des axes parallèles aux primitifs : OX'' est l'axe de la parabole ; et OY'' lui est perpendiculaire.

On a d'abord $x = \alpha + x'$; et $y = \beta + y'$. Il faut ensuite trouver les relations linéaires entre x', y', et x'', y'' ; nous les avons données équations (1 et 2), n° (5). On a donc

$$x = \alpha + \frac{x'' \sin \theta' - y'' \cos \theta'}{\sin \varepsilon}; \ldots\ldots (1)$$

$$y = \beta + \frac{x'' \sin \theta + y'' \cos \theta}{\sin \varepsilon} \ldots\ldots (2).$$

(on a ici, comme dans le n° (5),

$XAY = \varepsilon$ $X'OX'' = \theta$; $X''OY' = \theta'$; $\theta' + \theta = \varepsilon$)

Si l'on substitue dans l'équation (A), pour x et y leur valeur donnée par les équations ci-dessus (1 et 2), on aura une transformée que voici :

$$\begin{aligned} & y''^2 (A \cos \theta^2 - B \cos \theta \cos \theta' + C \cos \theta'^2) \\ + & x''y'' (2A \sin\theta \cos\theta + B \cos\theta \sin\theta' - B \sin\theta \cos\theta' - 2C \sin\theta' \cos\theta) \\ & + x''^2 (A \sin \theta^2 + B \sin \theta \sin \theta' + C \sin \theta'^2) \\ + & y'' \sin\varepsilon (2A\beta \cos\theta - B\beta \cos\theta' + B\alpha \cos\theta - 2C\alpha \cos\theta' + D \cos\theta - E \cos\theta') \\ + & x'' \sin\varepsilon (2A\beta \sin\theta + B\beta \sin\theta' + B\alpha \sin\theta + 2\alpha C \sin\theta' + D \sin\theta + E \sin\theta') \\ + & \sin \varepsilon^2 (A\beta^2 + B\alpha\beta + C\alpha^2 + D\beta + E\alpha + F) = 0 \ldots (3). \end{aligned}$$

Maintenant, puisque cette équation doit se réduire aux deux termes en y''^2 et x'', il faut que les coefficiens des autres quatre soient chacun égaux à zéro : il est vrai que nous ne pouvons disposer que des trois indéterminées α, β, θ; mais il faut remarquer que le coefficient de $x''y''$ s'anéantit de lui-même, quand celui de x''^2 devient nul. On a donc les équations suivantes :

$$y''^2 (A \cos\theta^2 - B \cos\theta \cos\theta' + C \cos\theta'^2)$$
$$+x'' \sin\varepsilon \begin{pmatrix} 2A\beta \sin\theta + B\beta \sin\theta' + B\alpha \sin\theta + 2C\alpha \sin\theta' \\ + D \sin\theta + E \sin\theta' \end{pmatrix} = 0 \ldots (4)$$
$$A \sin\theta^2 + B \sin\theta . \sin\theta' + C \sin\theta'^2 = 0 \ldots\ldots (5)$$
$$2A\beta \cos\theta - B\beta \cos\theta' + B\alpha \cos\theta - 2C\alpha \cos\theta' + D \cos\theta - E \cos\theta' = 0 \ldots (6),$$
$$A\beta^2 + B\alpha\beta + C\alpha^2 + D\beta + E\alpha + F = 0 \ldots\ldots (7).$$

L'équation (5); à cause de $B = 2A^{\frac{1}{2}} C^{\frac{1}{2}}$ est un carré parfait et donne tout de suite

$$A^{\frac{1}{2}} \sin\theta + C^{\frac{1}{2}} \sin\theta' = 0 \ldots\ldots (8)$$

ou, à cause de $\theta' = \varepsilon - \theta$,

$$A^{\frac{1}{2}} \sin\theta + C^{\frac{1}{2}} (\sin\varepsilon \cos\theta - \cos\varepsilon \sin\theta) = 0.$$

Divisant par $\cos\theta$, on en tire

$$\operatorname{tang}\theta = \frac{C^{\frac{1}{2}} \sin\varepsilon}{C^{\frac{1}{2}} \cos\varepsilon - A^{\frac{1}{2}}} = \frac{B \sin\varepsilon}{B \cos\varepsilon - 2A} \ldots\ldots (9).$$

On déduit aisément de l'équation (6), en y mettant $\varepsilon - \theta$ pour θ', et divisant par $\cos\theta$ la suivante :

$$\begin{aligned}&2A\beta - B\beta(\cos\varepsilon + \sin\varepsilon \tan\theta)\\ &+ B\alpha - 2C\alpha(\cos\varepsilon + \sin\varepsilon \tan\theta)\\ &+ D\cos\theta - E(\cos\varepsilon + \sin\varepsilon \tan\theta) = 0\end{aligned}$$

qui se transforme en celle-ci :

$$A^{\frac{1}{2}}\beta + C^{\frac{1}{2}}\alpha = \frac{E(C^{\frac{1}{2}} - A^{\frac{1}{2}}\cos\varepsilon) - D(C^{\frac{1}{2}}\cos\varepsilon - A^{\frac{1}{2}})}{4A^{\frac{1}{2}}C^{\frac{1}{2}}\cos\varepsilon - 2A - 2C} = A^{\frac{1}{2}}h \ldots (10).$$

En faisant $\dfrac{D(\cos\varepsilon - 2A) - E(B - 2A\cos\varepsilon)}{B^2 + 4A^2 - 4AB\cos\varepsilon} = h.$

Combinant les équations (7 et 10), et se rappelant que $B^2 = 4AC$, on trouve

$$\alpha = 2A.\frac{Dh + F + Ah^2}{BD - 2AE}; \quad \beta = \frac{2Ah - B\alpha}{2A}.$$

Enfin, en appelant f la distance focale OF de la parabole représentée par l'équation (4), en mettant $\varepsilon - \theta$ pour θ', on a

$$f = -A\sin\varepsilon\tan\theta\sqrt{1 + \tan\theta^2}\,\frac{BD - 2AE}{B(2A - B(\cos\varepsilon + \sin\varepsilon\tan\theta))^2}.$$

Cette valeur de f pourra être positive ou négative; et il faudra la porter sur l'axe de la parabole, à partir du point O, du côté des x'' positifs, ou du côté des x'' négatifs, suivant le signe de f.

L'équation $B^2 = 4AC$ fait voir que lorsque A ou C sont nuls, B doit l'être. Par exemple, si $A = 0$, l'équation (9) donne $\theta = \varepsilon$, c'est-à-dire que l'axe des y'' est l'axe même de la parabole. Si l'on a $C=o$, l'équation (9) donne $\theta=o$, c'est-à-dire que l'axe des x'' est celui de la parabole.

Il faut faire attention que quand B est positif, on a $A^{\frac{1}{2}}$ et $C^{\frac{1}{2}}$ positifs ; mais tang θ peut être ou positive ou négative. Quand au contraire B est négatif, il faut prendre négativement $A^{\frac{1}{2}}$ ou bien $C^{\frac{1}{2}}$. Dans ce cas tang θ peut être encore ou positive ou négative. On a été dispensé de cette attention en mettant la valeur de f sous la forme ci-dessous :

$$f=-\sin\varepsilon.\operatorname{tang}\theta\sqrt{1+\operatorname{tang}\theta^2}.\frac{(BD-2AE)A}{B(2A-B(\cos\varepsilon+\sin\varepsilon\operatorname{tang}\theta))^2},$$

$$\operatorname{tang}\theta=\frac{B\sin\varepsilon}{B\cos\varepsilon-2A}.$$

Il y a un autre moyen de distinguer de quel côté l'axe s'étend par rapport au sommet de la parabole. Si on met l'équation (1), n°, (19) sous la forme suivante

$$y=-\frac{Bx+D}{2A}\pm\frac{1}{2A}\sqrt{2(BD-2AE\left(x-\frac{4AF-D^2}{2(BD-2AE)}\right)},$$

on voit tout de suite que l'équation d'un diamètre est

$$y=-\frac{Bx+D}{2A};$$

que les valeurs de x ne commencent à être réelles dans le cas de BD—2AE positif que lorsqu'elles surpassent $\frac{4AF-D^2}{2(BD-2AE)}$; ainsi quand BD—2AE est négatif, la courbe s'étend à l'infini du côté des x positifs, et quand cette quantité est négative, la courbe s'étend à l'infini du côté des x négatifs.

Règle. 1°. On portera sur l'axe AX, soit du côté positif, soit du côté négatif,

$$AR = \alpha = 2A\,\frac{Dh + F + Ah^2}{BD - 2AE}:$$

on prendra ensuite soit au-dessus, soit au-dessous, suivant le signe, l'ordonnée

$$RO = \beta = \frac{2Ah - B\alpha}{2A}:$$

Dans ces expressions on a fait

$$h = \frac{D(B\cos\varepsilon - 2A) - E(B - 2A\cos\varepsilon)}{B^2 + 4A^2 - 4AB\cos\varepsilon}.$$

2°. Ayant trouvé le sommet O de l'axe de la parabole, on le tracera soit en construisant l'équation

$$y = -\frac{Bx'}{2A},$$

soit en lui faisant faire avec l'axe OX′ un angle O′OX″ dont la tangente soit

$$\text{tang}\,\theta = \frac{B \sin \varepsilon}{B \cos \varepsilon - 2A}.$$

3°. On portera pour avoir le foyer F, du côté indiqué par le signe de f, la partie

$$OF = f = -A \sin \varepsilon\, \text{tang}\,\theta \sqrt{1 + \text{tang}\,\theta^2}\, \frac{BD - 2AE}{B(2A - B(\cos\varepsilon + \sin\varepsilon\, \text{tang}\,\theta))^2}.$$

N. B. Si $BD - 2AE > 0$, la courbe s'étendra à l'infini du côté des x positifs, et *vice versâ.* Il faudra toujours prendre $\sqrt{1 + \text{tang}\,\theta^2}$ positivement, parce que $\sqrt{1 + \text{tang}\,\theta^2} = \frac{1}{\cos\theta}$ et que $\cos\theta$ est toujours positif soit que l'axe OX'' passe en dessus ou en dessous de OX'.

Le coefficient du terme $x''y''$ dans l'équation (3) contient celui de y''^2, ainsi que celui de x''^2; d'où il suit qu'il s'anéantit aussi en faisant

$$A \cos\theta^2 - B \cos\theta \cos\theta' + C \cos\theta'^2 = 0;$$

d'où l'on tire

$$A^{\frac{1}{2}} \cos\theta = C^{\frac{1}{2}} \cos\theta';$$

mais cette racine donne non l'axe de la parabole, mais une ligne qui lui est perpendiculaire et qui a pour équation

$$y = \frac{2Ax'}{B};$$

tandis que celle de l'axe est

$$y' = -\frac{Bx'}{2A}.$$

21. *Quatrième Méthode.* Soit (fig. 10) AX l'axe des x positifs ; AY celui des y positifs ; OX' celui des x' ; OY' celui des y' : OX'' celui des x'' ou de la parabole ; OY'' celui des y'' ; $AR = \alpha$; $RO = \beta$; $AP = x$; $PM = y$; $OP' = x'$; $P'M = y'$; $OP'' = x''$; $P''M = y''$. Supposons pour simplifier la figure et éviter de faire des triangles semblables, que OP' étant 1, on ait

$$P'S = p;\ P'S' = p';\ OS = q;\ OS' = q'$$
$$\text{et } XAY = X'OY' = \varepsilon$$

Il s'agit d'abord d'avoir les relations entre les quantités p, q, p', q', qui ont été données n° (6). Mais nous allons le chercher de nouveau sur la figure 10.

Les triangles obliquangles OP'S, OP'S' donnent

$$q^2 = 1 + p^2 + 2p\cos\varepsilon;\ q'^2 = 1 + p'^2 + 2p'\cos\varepsilon;$$

et le triangle rectangle SOS' donne

$$(p' - p)^2 = q^2 + q'^2,$$

d'où l'on tire

$$pp' + 1 + \cos\varepsilon\,(p' + p) = 0 \text{ ou } p' = -\frac{1 + p\cos\varepsilon}{p + \cos\varepsilon}.$$

Ainsi p étant connu, p', q, q' le sont aussi.

Mais

Mais OP′ étant x', on aura $PS' = px'$; $OS = qx'$; $P'S' = p'x'$; $OS' = q'x'$. Comparant les triangles semblables S′OS et S′P‴M, on a d'abord

$$x''(p'-p) = q(p'x'-y'); \quad \alpha' x'' = q(q'x'-y'');$$

d'où l'on tire aisément

$$x' = \frac{q'x''+qy''}{qq'}; \quad y' = \frac{pq'x''+p'qy''}{qq'};$$

ce sont là les relations pour passer du système des coordonnées obliques x', y', à celui des coordonnées rectangulaires x'', y'', comme d'ailleurs on a $x = x' + \alpha$ et $y = y' + \beta$, on en conclut les relations suivantes pour passer des systèmes des x, y à celui des x'', y''.

$$x = \alpha + \frac{q'x''+qy''}{qq'} \ldots\ldots (1)$$

$$y = \beta + \frac{pq'x''+p'qy''}{qq'} \ldots\ldots (2).$$

Si l'on substitue ces valeurs de x et y dans l'équation générale

$$Ay^2 + Bxy^2 + Cx^2 + Dy + Ex + F = 0 \ldots\ldots (A),$$

on aura pour l'équation de la parabole rapportée aux axes rectangulaires OX″, OY″, la suivante :

$$\begin{aligned}
&q^2y''^2\,(Ap'^2+Bp'+C)\\
&+qq'x''y''\,(2App'+Bp+Bp'+2C)\\
&+q'^2x''^2\,(Ap^2+Bp+C)\\
&+q^2q'y''\,(2A\beta p'+B\beta+B\alpha p'+2C\alpha+Dp'+E)\\
&+qq'^2x''\,(2A\beta p+B\beta+B\alpha p+2C\alpha+Dp+E)\\
&+q^2q'^2(A\beta^2+B\alpha\beta+C\alpha^2+D\beta+E\alpha+F)=0\ldots(3).
\end{aligned}$$

Maintenant cette équation (3) doit se réduire d'elle-même à deux termes, savoir celui en y''^2 et x'', ou bien ceux en x''^2 et y''. Il faut observer que nous ne pouvons disposer que de trois coefficiens indéterminés, α, β, p, et que cependant il faut anéantir quatre termes. Mais il faut remarquer en même temps que le coefficient de y''^2 revient à $(A^{\frac{1}{2}}p'+C^{\frac{1}{2}})^2$ et que celui de x''^2 revient à $(A^{\frac{1}{2}}p'+C^{\frac{1}{2}})^2$, et qu'enfin celui de $x''y''$ est positivement le produit des deux premiers, ensorte que le terme en $x''y''$ s'anéantit de lui-même soit qu'on fasse $A^{\frac{1}{2}}p'+C^{\frac{1}{2}}=0$, soit qu'on pose $A^{\frac{1}{2}}p+C^{\frac{1}{2}}=0$, la symétrie parfaite de l'équation (3) par rapport à p et p' fait voir qu'il est indifférent d'anéantir l'un ou l'autre des coefficiens de x''^2 ou y''^2. Nous choisirons celui de x''^2, parce que nous avons supposé dans la figure que x'' était l'abcisse de la parabole.

Cela posé, nous aurons les quatre équations suivantes dont la première est l'équation de la parabole et les trois autres servent à déterminer α, β, p.

$$y''^2 = -x''\frac{q'^2}{q}.\frac{2A\beta p + B\beta + B\alpha p + 2C\alpha + Dp + E}{Ap'^2 + Bp' + C} \ldots (4);$$

$$A^{\frac{1}{2}}p + C^{\frac{1}{2}} = 0 \ldots\ldots (5);$$

$$2A\beta p' + B\beta + B\alpha p' + 2C\alpha + Dp' + E = 0 \ldots\ldots (6);$$

$$A\beta^2 + B\alpha\beta^2 + D\beta + E\alpha + F = 0 \ldots\ldots (7).$$

L'équation (5) donne tout de suite

$$p = -\frac{C^{\frac{1}{2}}}{A^{\frac{1}{2}}} = -\frac{B}{2A} \ldots\ldots (8):$$

l'équation (6) étant écrite ainsi

$$A^{\frac{1}{2}}\beta(2A^{\frac{1}{2}}p' + 2C^2) + C^{\frac{1}{2}}\alpha(2A^{\frac{1}{2}}p' + 2C^{\frac{1}{2}}) + Dp' + E = 0 \ldots (6')$$

et faisant

$$-\frac{Dp' + E}{2A^{\frac{1}{2}}p' + 2C^{\frac{1}{2}}} = A^{\frac{1}{2}}K$$

c'est-à-dire,

$$-\frac{Dp' + E}{2Ap' + B} = K,$$

cette équation (6′) devient

$$A^{\frac{1}{2}}\beta + C^{\frac{1}{2}}\alpha = A^{\frac{1}{2}}K \ldots\ldots (6'').$$

Mettant l'équation (7) sous cette forme

$$(A^{\frac{1}{2}}\beta + C^{\frac{1}{2}})^2 + D\beta + E\alpha + F = 0 \ldots\ldots (7');$$

puis éliminant α et β entre les équations (6″ et 7′), on trouve

$$\alpha = 2A \cdot \frac{DK + F + AK^2}{BD - 2AE}$$

$$\beta = \frac{2AK - B\alpha}{2A} = -\frac{2AEK + BF + ABK^2}{BD - 2AE}.$$

En appelant f la distance focale ou le quart du paramètre, et substituant les valeurs de α et de β dans l'équation (4), on trouve aisément

$$f = \frac{q'^2}{8Aq} \cdot \frac{BD - 2AE}{Ap'^2 + Bp' + C}.$$

Dans le cas particulier de $\varepsilon = 1$ quadran, on a

$$p = -\frac{B}{2A} \quad \text{et} \quad p' = \frac{2A}{B}:$$

l'on trouve que f se réduit à

$$A \frac{BD - 2AE}{(B^2 + 4A^2)^{\frac{3}{2}}}:$$

on trouverait aussi des expressions plus simples pour α et β.

Lorsque $C = 0$, on a $B = 0$ et $p = 0$ et l'axe OX′ devient celui OX″ de la parabole: quand $A = 0$, on a $B = 0$

$$\text{et } p = \frac{1}{0} \left(\text{à cause de } p = -\frac{C^{\frac{1}{2}}}{A^{\frac{1}{2}}}\right)$$

et alors l'axe OY' des y' devient l'axe OX'' de la parabole.

On voit par l'expression de f que la parabole s'étend à l'infini du côté des x positifs quand $BD - 2AE > 0$ et réciproquement, ainsi que nous l'avons déjà remarqué.

Remarquons encore que la méthode de cet article s'applique facilement à l'ellipse et à l'hyperbole, et qu'elle donne tout simplement les résultats trouvés dans la quatrième et cinquième méthode de l'ellipse, etc.

Enfin on peut encore remarquer que dans le cas de $BD = 2AE$, le paramètre est nul et l'équation (A) n'exprime plus que deux lignes droites parallèles. De ce qui précède, on déduit aisément la règle suivante :

Règle. Etant donnée l'équation (A) qui appartient à la parabole si $B^2 = 4AC$, il faudra,

1°. Prendre $AR = \alpha$, soit positivement, soit négativement; porter en dessus ou en dessous $RO = \beta$; le point O sera le sommet de l'axe de la parabole.

2°. Ayant pris sur OX' la partie $OP' = 1$ du côté des x positifs, on prendra parallèlement à OY', soit au-dessus, soit au-dessous, suivant le signe de p, $P'S = p$: la ligne OS sera la direction de l'axe de la parabole.

3°. On prendra sur OS la partie $OF = f$ et l'on aura le foyer F : sur quoi il faut remarquer que la parabole s'étendra à l'ellipse du côté des x positifs quand $BD - 2AE > 0$, et *vice versâ;* ce qui indique de quel côté doit tomber le point F à l'égard du point O.

Il faut encore remarquer que dans l'expression de f, q ou $\sqrt{1 + p^2 + 2p \cos \varepsilon}$ doit toujours être pris positivement.

Nota. La méthode de cet article est susceptible de constructions graphiques simples; car les valeurs de p, p', q, q' sont données par les triangles obliquangles OP'S et OP'S'.

22. *Cinquième Méthode.* Soit toujours l'équation à construire

$$Ay^2 + Bxy + Cx^2 + Dy + Ex + F = 0 \ldots (A),$$

la question se réduit à trois points, la direction de l'axe de la parabole, les coordonnées du sommet O (fig. 11), et celles du foyer F.

L'équation de l'axe de la parabole sera

$$y = px + n \ldots\ldots (1).$$

(p ayant la même signification que dans la

méthode précédente, et n étant une constante indéterminée), l'équation de la tangente passant par le sommet O, sera

$$y = p'x + n' \ldots . (2).$$

Cette dernière équation est aussi celle d'une parallèle quelconque à la tangente : il faut exprimer qu'elle ne rencontre la courbe qu'en un seul point, condition qui particularise la tangente. Pour cela, il faut substituer dans l'équation (A) la valeur de y donnée par l'équation (2); et en ayant tiré la valeur de x, on a

$$x = -\frac{1}{2}\,\frac{n'(2Ap'+B)+Dp'+E}{Ap'^2+Bp'+C}$$
$$\pm\sqrt{\frac{1}{4}\left(\frac{n'(2Ap'+B)+Dp'+E}{Ap'^2+Bp'+C}\right)^2 - \frac{F+An'^2+Dn'}{Ap'^2+Bp'+C}} \ldots (3).$$

En égalant à zéro le radical ci-dessus, on exprime la condition dont nous avons parlé, et l'on a une équation de laquelle, en faisant attention que $B^2 = 4AC$, on tire

$$n' = \frac{F(2Ap'+B)^2 - A(Dp'+E)^2}{(2Ap'+B)(2AE-BD)}.$$

Dans cette valeur de n', tout est connu, puisqu'on a

$$p' = -\frac{1+p\cos\varepsilon}{p+\cos\varepsilon}, \text{ et } p = \frac{-B}{2A}.$$

Pour avoir les coordonnées du sommet

AR $=\alpha$, RO $=\beta$, il ne faut que remonter aux équations (2) et (3); et observant que, dans (3), le radical est nul; et l'on a, en changeant de forme, le denominateur

$$\alpha=-2A\frac{n'(2Ap'+B)+Dp'+E}{(2Ap'+B)^2}\ \beta=\alpha p'+n';$$

il reste à trouver la distance focale OF $=f$; pour cela, appelons AH $=\alpha'$; HI $=\beta'$; AQ$''$ $=\alpha''$; Q$''$P$''$ $=\beta''$. L'équation de la ligne IP$''$ sera

$$y-\beta'=p'(x-\alpha')\ldots.(4);$$

celle de l'axe de la parabole est

$$y-\beta=p(x-\alpha)\ldots.(5)$$

Ces deux équations étant éliminées pour avoir x et y, donnent pour les coordonnées de leur intersection P$''$,

$$\alpha''=\frac{\beta'-\beta-\alpha'p'+\alpha p}{p-p'};\ \beta''\ \frac{pp'(\alpha-\alpha')+\beta'p-\beta p'}{p-p'}.$$

On verra aisément qu'on a

$$\overline{IP''}^2=(\beta'-\beta'')^2+(\alpha''-\alpha')^2-2\cos\varepsilon(\beta'-\beta'')(\alpha''-\alpha');$$

ou en faisant attention que $(\beta'-\beta'')=-p'(\alpha''-\alpha')$

$$\overline{IP''}^2=q'^2(\alpha''-\alpha')^2.$$

On verra aussi que OP$''$ $=q(\alpha''-\alpha)$; mais

la propriété de la parabole donne

$$\overline{\text{IP}''}^2 = 4f\text{OP}'';$$

substituant, on a

$$f = \frac{q'^2(\alpha'' - \alpha')^2}{4q(\alpha'' - \alpha)}.$$

(q et q' ont la même signification que dans la méthode précédente). α' et $\mathcal{C}'$ sont données, n° 19.

En remontant aux expressions des différentes quantités qui entrent dans f, on trouve, toute réduction faite,

$$f = \frac{q'^2(\text{BD} - 2\text{AE})}{8\text{A}^2 q(p' - p)^2},$$

qui revient au même que celles trouvées plus briévement dans la quatrième méthode.

On peut aussi trouver directement le foyer F de la manière suivante.

Je représente par

$$y - \mathcal{C}' = p''(x - \alpha') \ldots . (6)$$

l'équation du rayon vecteur IF p'' étant un coefficient indéterminé qu'il faut trouver. Si on fait Id = 1, on aura

$$d\text{L} = p;\ d\text{F} = -p'';$$

les angles FIH $=$ LIK, et par conséquent IF $=$ IL, c'est-à-dire,

$$1+p''^2+2p''\cos\varepsilon=1+p^2+2p\cos\varepsilon;$$

équation qui, étant résolue, donne

$$p''=p,\ \text{et}\ p''=-p-2\cos\varepsilon\quad(*).$$

Cette seconde racine donne la relation cherchée entre p, p'' et ε. En combinant l'équation (6) avec l'équation (5), comme nous avons fait de cette dernière avec l'équation (4), on trouvera les coordonnées du foyer F, et ensuite la distance OF. En appelant ces coordonnées AQ $=\alpha'''$, et QF $=\beta'''$, on trouvera

$$\alpha'''=\frac{\beta'-\beta-\alpha'p''+\alpha p}{p-p''};\ \beta'''=\frac{pp''(\alpha-\alpha')+\beta'p-\beta p''}{p-p''}.$$

Ces expressions de α''' et β''' ne diffèrent de celles de α'' et β'' que par le changement de p' en p''. On trouvera aussi l'expression correspondante de f, qui est, dans ce cas, $f=q(\alpha'''-\alpha)$, et qu'on verra revenir au même que celle rapportée plus haut.

23. *Sixième Méthode.* Étant toujours don-

(*) Cette équation renferme la solution de ce petit problème : *Etant donnée l'équation d'une droite, trouver celle de la droite réfléchie.*

née l'équation (A), on aura (méthode 2), les coordonnées du point de contact I (fig. 11),

$$AH = \frac{4AF - D^2}{2(BD - 2AE)};\ HI = \frac{4ADE - BD - 4ABF}{4A(BD - 2AE}$$

En résolvant l'équation (A) par rapport à x, comme on l'a fait par rapport à y, ou bien en changeant y en x, A en C, D en E, on trouve

$$AH' = \frac{4CF - E^2}{2(BE - 2CD)};\ H'I' = \frac{4CDE - BE - 4BCF}{4C(BE - 2CD}:$$

Ayant les deux tangentes que la parabole doit toucher dans les points I et I', si par le point B et par le milieu de la ligne II' on mène une droite, elle sera parallèle à l'axe : cette droite sera la diagonale BD du parallélogramme construit sur BI et BI'. Pour prouver que BD est un diamètre, il suffit de poser l'équation

$$\frac{BI}{DI} = \frac{HI - AH'}{H'I - AH} = \frac{-B}{2A},$$

et d'y substituer les valeurs des lignes : on vérifie qu'elle est identique.

Si, par le point I, on mène IF faisant l'angle FIH = LIK = IBD, et si on mène I'F de la même manière, c'est-à-dire FI'H' = I'BD ; l'intersection de ces deux lignes donnera le foyer F.

On mènera par le point F une parallèle à BD, et l'on aura l'axe de la parabole.

Enfin, prenant P″O moitié de P″T, le point O sera le sommet de l'axe.

Cette sixième méthode qui est entièrement nouvelle, réunit la simplicité à l'élégance, et sera sans doute jugée préférable à tout ce que l'on connaissait sur la construction de la parabole.

Méthode commune aux trois Sections coniques.

24. Je reprends l'équation (3), n° 21, que je décris ainsi qu'il suit, pour abréger

$$A'y''^2 + B'x''y'' + C'x''^2 + D'y'' + E'x'' + F' = 0 \ldots (1).$$

Comme on peut disposer des trois indéterminées, α, β, p qui y entrent, on peut anéantir à volonté trois termes, pourvu que les deux carrés y''^2, x''^2 ne disparaissent pas à la fois. Si on fait

$$B' = 0;\ D' = 0;\ F' = 0,$$

l'équation (1) se réduira à

$$A'y''^2 + C'x''^2 + E'x'' = 0 \ldots (2),$$

qui peut appartenir à l'une quelconque des trois courbes.

De l'équation $B' = o$, en y substituant la valeur de p' en p, on en tire tout de suite, comme dans le n° 9,

$$p = \frac{A-C}{B-2A\cos\varepsilon} \pm \sqrt{\left(\frac{A-C}{B-2A\cos\varepsilon}\right)^2 + \frac{B-2C\cos\varepsilon}{B-2A\cos\varepsilon}}.$$

En combinant les équations

$$D' = o,\ F' = o,$$

on en tirera les valeurs de α et $\mathcal{E}$, c'est-à-dire les coordonnées des extrémités des axes de la courbe.

Enfin, l'équation (2) étant comparée à l'équation

$$y''^2 = \frac{b^2}{a^2}(2ax'' - x''^2),$$

pour le cas de l'ellipse; à l'équation

$$y''^2 = \frac{b^2}{a^2}(2ax'' + x''^2),$$

pour le cas de l'hyperbole; et à l'équation

$$y''^2 = 4bx'',$$

pour le cas de la parabole, fera connaître les demi-axes a et b des deux premières courbes, et la distance focale f de la troisième, ces valeurs seront les mêmes que nous avons déjà rapportées.

Il faut remarquer que dans le cas de la parabole le coefficient C' s'anéantit de lui-même, à cause de $B^2 = 4AC$, et que la valeur de p se réduit à

$$p = \frac{-B}{2A}.$$

Cette méthode a l'avantage d'être commune aux trois courbes : nous l'avons déjà donnée pour la parabole ; mais elle a l'inconvénient que les coordonnées α et β des sommets des axes, pour l'ellipse et l'hyperbole, sont beaucoup plus compliquées que celles du centre, parce que les sommets étant au nombre de quatre, exigent une équation du quatrième degré pour la détermination de α et β.

SECTION IV.

Récapitulation générale.

25. ÉQUATION à construire

$Ay^2 + Bxy + Cx^2 + Dy + + Ex + F = 0 \ldots .$ (A).

On suppose qu'elle n'est pas décomposable en facteur du premier degré.

Ellipse. Caractères $4AC > B^2$, $(BD - 2AE)^2 - (D^2 - 4AF)(B^2 - 4AC) > 0$: A et C positifs ; G négatif.

Notations. ε angle formé par les axes primitifs, du côté des x et y positifs.

θ angle formé par l'axe des x avec l'un des axes de l'ellipse dans le quadran positif.

a demi-axe de l'ellipse dans le quadran positif.

b autre demi-axe de l'ellipse.

p ordonnée parallèle aux y, correspondante à l'abscisse 1 positive de l'un des demi-axes ayant pour équation $y' = px'$.

$$p' = -\frac{1+p\cos\varepsilon}{p+\cos\varepsilon}; q^2 = 1 + p^2 + 2p\cos\varepsilon;$$

$$q'^2 = 1 + p'^2 + p'\cos\varepsilon.$$

α abcisse du centre de la courbe; β ordonnée de ce centre.

Valeurs. $\alpha = \frac{BD - 2AE}{4AC - B^2}$; $\beta = \frac{BE - 2CD}{4AC - B^2}$.

(N° 5). $\text{tang.}\,\theta = \frac{B\cos\varepsilon - 2C\cos\varepsilon^2 + C - A}{\sin\varepsilon\,(2C\cos\varepsilon - B)}$

$$\pm\sqrt{\left(\frac{B\cos\varepsilon - 2C\cos\varepsilon^2 + C - A}{\sin\varepsilon\,(2C\cos\varepsilon - B)}\right)^2 + 1}$$

$$a^2 = \frac{-G\sin\varepsilon^2\,(1+\text{tang}\,\theta^2)}{\left\{\begin{array}{l}A\,\text{tang}\,\theta^2 - B\,\text{tang}\,\theta\,(\cos\varepsilon.\,\text{tang}\,\theta - \sin.\varepsilon) \\ + C\,(\cos\varepsilon\,\text{tang}\,\theta - \sin\varepsilon)^2\end{array}\right\}}$$

$$b^2 = \frac{-G\sin\varepsilon^2\,(1+\text{tang}\,\theta^2)}{A - B\,(\cos\varepsilon + \sin\varepsilon\,\text{tang}\,\theta) + C\,(\cos\varepsilon + \sin\varepsilon\,\text{tang}\,\theta)^2}$$

$$G = \frac{AE^2 + CD^2 - BDE}{B^2 - 4AG} + F.$$

(N° 6). $p = \frac{A - C}{B - 2A\cos\varepsilon} + \sqrt{\left(\frac{A-C}{B-2A\cos\varepsilon}\right)^2 + \frac{B - 2C\cos\varepsilon}{B - 2A\cos\varepsilon}}$;

$$a^2 = \frac{-Gq^2}{Ap^2 + Bp + C};\quad b^2 = \frac{-Gq'^2}{Ap'^2 + Bp' + C}.$$

a est pris sur l'axe donné par p, et b sur l'autre qui lui est perpendiculaire. L'ellipse est un cercle quand $A = C$ et $B = 2A\cos\varepsilon$: le rayon est $\sqrt{\frac{-G}{AP}}$

Ce

Ce tableau présente les deux méthodes, savoir celle qui emploie θ et celle qui fait usage de p; la seconde est plus simple.

Les formules se simplifient quand $\varepsilon = 1q$, et alors tang. $\theta = p$: les deux méthodes n'en font plus qu'une.

HYPERBOLE.

Caractères. $B^2 > 4AC$. Même notation, mêmes valeurs que pour l'ellipse; mais l'un des axes est imaginaire. Condition pour que l'hyperbole soit équilatère $A + C = B \cos \varepsilon$, équations des assymptotes

$$y' = \frac{x'}{2A}\left(-B \pm \sqrt{B^2 - 4AC}\right)$$

(*Voyez le n°* 15).

PARABOLE.

Caractères. Notations. Les mêmes que pour l'ellipse, si ce n'est que α et β sont les coördonnées du sommet de l'axe de la parabole.

(N°. 10). $\quad \text{tang}\,\theta = \dfrac{B \sin \varepsilon}{B \cos \varepsilon - 2A}$;

distance du sommet au foyer

$$f = -\,A \sin \varepsilon \,\text{tang.}\,\theta \sqrt{1 + \text{tang}\,\theta^2}.\ \frac{BD - 2AE}{B(2A - B(\cos\varepsilon + \sin\varepsilon\,\text{tang.}\,\theta)^2}.$$

$$\alpha = 2A.\frac{Dh + F + Ah^2}{BD - 2AE};\ \mathcal{C} = \frac{2Ah - B\alpha}{2A}.$$

Dans ces expressions on a fait pour abréger

$$h = \frac{D\,(B\cos\varepsilon - 2A) - E\,(B - 2A\cos\varepsilon)}{B^2 + 4A^2 - 4AB\cos\varepsilon}.$$

(N° 11). $p = \frac{-B}{2A}$. $\alpha = 2A.\frac{DK + F + AK^2}{BD - 2AE}$,

$$\mathcal{C} = \frac{2AK - B\alpha}{2A};\ f = \frac{q'^2\,(BD - 2AE)}{8A^2 q\,(p' - p)^2}$$

on a fait pour simplifier

$$K = -\,\frac{Dp' + E}{2Ap' + B}.$$

p', q, q', ont la même valeur que ci-dessus pour l'ellipse.

La courbe s'étend à l'infini du côté des x positifs quand BD — 2AE est positif, et *vice versâ*. Il faut faire attention que q est toujours positif.

Exemples pour l'Ellipse.

26. On propose de construire l'équation

$$3y^2 + xy + 2x^2 - 23y - 23x + 82 = 0 \ldots\ldots (A)$$

qui doit être rapportée aux axes Xx, Yy... (fig. 12).

La courbe représentée par cette équation est une ellipse, puisque $4AC > B^2$: elle ne renferme d'ailleurs aucune absurdité, et elle n'est pas décomposable en facteurs du premier degré : cette vérification faite, j'opère de la manière suivante :

1°. Ayant abaissé la perpendiculaire Yx sur Ax, je trouve $\frac{Ax}{AY} = 0,8$; donc, puisque Ax est le côté négatif, on aura $\cos \varepsilon = 0,8$: en comparant l'équation proposée avec l'équation générale, on a $A = 3$; $B = 1$; $C = 7$; $D = -23$; $E = -23$, $F = 82$; d'où je conclus $G = -10$.

2°. Je trouve $\alpha = 5$ et $\beta = 3$: je prends donc $AR = 5$; et je mène parallèlement à AY la droite $RO = 3$. Le point O est le centre.

3°. Ayant mené OX′ parallèle à AX, je

prends sur une échelle quelconque $OP' = 1$. Puis ayant trouvé $p = 1,041$, je prends sur une parallèle à AY la partie $P'S = p$: ayant trouvé aussi $p' = -0,6955$, je prends en dessous $P'S' = p'$ les lignes OS et OS' sont les directions des deux axes de l'ellipse.

4°. Enfin je prends $OB = OB' = a$ que je trouve être 0,8150. Je prends aussi $OC = OC' = b$ que je trouve être 3,069 : j'ai ainsi la position et la grandeur des deux axes de l'ellipse.

Exemple pour l'Hyperbole.

27. Soit l'équation à construire

$$y^2 - 2xy - x^2 + y - 2x + 1 = 0.$$

ou

$$A = 1;\ B = -2;\ C = -1;\ D = 1;\ E = 2;\ F = 1,$$

d'où $G = \frac{15}{8}$. L'angle XAY (fig. 13) est donné, et on le suppose ici tel que $\cos \varepsilon = 0,5$.

On trouvera

$$\alpha = AR = 0,75;\ \beta = RO = 0,25;\ = \frac{P'S}{OP'} = 0,2151;$$

$$p' = \frac{P'S'}{OP'} = -1,548;\ OB = a = 1,307;$$

$$OC = b\sqrt{-1} = 0,8782.$$

L'axe CC′ est celui qui est imaginaire. On se conduira pour les détails comme dans l'exemple précédent.

La méthode du n° 15 fournit une solution plus simple et plus élégante qui conduit à une construction facile de la courbe.

Exemple pour la Parabole.

28. Soit l'équation à construire

$$y^2+2xy+x^2-8y+2x+1=0$$

qui n'est pas décomposable en facteurs et qui appartient à la parabole, parce qu'elle donne $B^2=4AC$.

(Fig. 14). Soit l'angle connu $XAY=\varepsilon$, tel qu'on ait $\cos\varepsilon=\frac{1}{2}$: on a

$$A=1;\ B=2;\ C=1;\ D=-8;\ E=2;\ F=1:$$

on trouvera

$$p=\frac{-B}{2A}=-1;\ p'=1;\ q=1;\ q'^2=3;\ K=1,5;$$

$$\alpha=AR=0,875;\ \beta=RO=0,625;\ f=OF=-\frac{15}{8}.$$

Les valeurs de α et β serviront à marquer le sommet O; celles de $p=\frac{P'S}{P'O}$ se trouvant négative, sera portée en dessous de OX′ et donnera la direction de l'axe de la parabole : enfin f étant négative sera portée non sur OS, mais sur son prolongement, et déterminera le foyer F. La description se fait ensuite par les moyens connus.

Variétés ou cas particuliers pour l'Ellipse.

29. L'équation de l'ellipse rapportée au centre est

$$Ay'^2 + Bx'y' + Cx'^2 + G = 0$$

ce qui donne

$$y' = -\frac{Bx'}{2A} \pm \frac{1}{2A}\sqrt{(B^2 - 4AC)x'^2 - 4AG}.$$

Lorsqu'on y fait $G = 0$, la valeur de y' est nécessairement imaginaire, à cause de $B^2 < 4AC$, excepté pour le point où $x' = 0$, et alors on a aussi $y' = 0$. L'ellipse se réduit alors à un seul point qui est le centre O. *Première variété.*

Lorsque G est positif, y' est toujours imaginaire, et l'ellipse aussi. *Seconde variété.*

L'ellipse n'est donc réelle et étendue que dans le cas de G négatif, ou ce qui revient au même dans le cas de

$$(BD - 2AE)^2 - (B^2 - 4AC)(D^2 - 4AF) > 0.$$

Il y a encore une variété dont nous avons donné les caractères, c'est le cercle.

Exemples de la première variété

$$x^2 + y^2 = 0; \quad y^2 + x^2 - 2x + 1 = 0.$$

Exemples de la deuxième variété, où la courbe est imaginaire

$$y^2 + xy + x^2 + \tfrac{1}{2}x + y + 1 = 0; \; y^2 + x^2 + 2x + 2 = 0.$$

Les exemples du cercle ont lieu quand $B = 2A \cos \epsilon$ et $A = C$.

Variétés pour l'Hyperbole.

30. Lorsque $G = 0$, l'équation ci-dessus devient

$$y' = x'\left(\frac{-B \pm \sqrt{B^2 - 4AC}}{2A}\right),$$

laquelle, à cause de $B^2 > 4AC$, exprime deux lignes droites qui se coupent au centre O de l'hyperbole : cette variété a donc lieu lorsque $G = 0$ ou quand $(BD - 2AB)^2 = (B^2 - 4AC)(D^2 - 4AF)$: en voici des exemples :

$$y^2 - 2x^2 + 2y + 1 = 0; \; y^2 - x^2 = C;$$
$$y^2 + xy - 2x^2 + 3x - 1 = 0.$$

Une seconde varité est celle de l'hyperbole équilatère dont nous avons déjà vu que le caractère est $A + C = B \cos \varepsilon$. Observons que dans le cas de l'hyperbole l'équation proposée n'est jamais absurde.

Variétés pour la Parabole.

31. Dans le cas de la parabole ou $B^2 = 4AC$, l'équation générale (A) donne

$$y = -\frac{Bx + D}{2A} \pm \frac{1}{2A}\sqrt{2(BD - 2AE)x + D^2 - 4AF}.$$

Lorsque $BD = 2AE$, l'équation devient

$$y = -\frac{Bx + D}{2A} \pm \frac{1}{2A}\sqrt{D^2 - 4AF}$$

qui exprime deux droites parallèles.

Ces deux droites se confondent en une seule, si on a de plus $D^2 = 4AF$; enfin ces deux droites sont imaginaires si $D^2 < 4AF$.

Dans ces trois cas, l'équation (A) est décomposable en facteurs du premier degré. En voici des exemples :

$$\left.\begin{array}{l} y^2 - 2xy + x^2 - 1 = 0 \\ y^2 + 4xy + 4x^2 - 4 = 0 \end{array}\right\} \text{deux lignes droites.}$$

$$\left.\begin{array}{l} y^2 - 2xy + x^2 + 1 = 0 \\ y^2 - 4xy + 4x + 4 = 0 \end{array}\right\} \text{une seule ligne droite.}$$

$$\left.\begin{array}{l} y^2 + 2xy + x^2 + 1 = 0 \\ y^2 + y = 0 \end{array}\right\} \text{deux droites imaginaires.}$$

(*Voyez Géométrie analytique de Biot, n° 221 et suivans*).

Caractères de l'absurdité de l'équation proposée.

32. Il résulte des trois numéros précédens que l'équation proposée est impossible dans les cas précédens : 1° si l'on a $4AC > B^2$ et en temps $G = 0$ ou G positif : 2° si l'on a en même temps $B^2 = 4AC$; $BD = 2AE$; $D^2 < 4AF$.

Le premier cas est une variété de l'ellipse, le second de la parabole.

Décomposition de l'équation indéterminée du deuxième degré en facteurs du premier.

33. Nous avons vu, nos 30 et 31, que lorsque l'équation (A) a l'apparence de l'hyperbole ou de la parabole, elle peut néanmoins ne représenter que deux lignes droites ou une seule : dans ces cas, elle est décomposable en facteurs du premier degré. Il est bon de chercher directement si cette décomposition ne peut pas avoir lieu dans d'autres cas.

Soit toujours la proposée

$$Ay^2+Bxy+Cx^2+Dy+Ex+F=0\ldots.(A),$$

ou $y^2+\frac{B}{A}xy+\frac{C}{A}x^2+\frac{D}{A}y+\frac{E}{A}x+\frac{F}{A}=0$;

si elle est décomposable en facteurs du premier degré, ils ne pourront être que de cette forme.

$$gy+hx+K, \quad \text{et} \quad \frac{1}{g}y+h'x+K',$$

ou $g\left(y+\frac{hx}{g}+\frac{K}{g}\right)$, et $\frac{1}{g}(y+gh'x+gK')$,

ou simplement

$$y+\Delta x+\gamma, \quad \text{et} \quad y+\Delta'x+\gamma'.$$

On pourra donc poser

$$y^2+\frac{B}{A}xy+\frac{C}{A}x^2+\frac{D}{A}y+\frac{E}{A}y+\frac{F}{A}$$
$$=(y+\Delta x+\gamma)(y+\Delta'x+\gamma'):$$

comparant les deux membres terme à terme, on aura, pour exprimer qu'ils doivent être égaux, indépendamment de toute valeur particulière de x et y, les cinq équations suivantes.

$$\Delta\Delta'=\frac{C}{A}\ldots.(1);$$

$$\Delta+\Delta'=\frac{B}{A}\ldots.(2);$$

$$\gamma\gamma' = \frac{F}{A} \ldots (3);$$

$$\gamma + \gamma' = \frac{D}{A} \ldots (4);$$

$$\Delta\gamma' + \Delta'\gamma = \frac{E}{A} \ldots (5).$$

Combinant les deux premières ensemble, puis la troisième et la quatrième, on en tire :

$$\Delta = \frac{1}{2A}\left(B \pm \sqrt{B^2 - 4AC}\right);$$

$$\Delta' = \frac{1}{2A}\left(B \mp \sqrt{B^2 - 4AC}\right);$$

$$\gamma = \frac{1}{2A}\left(D \pm \sqrt{D^2 - 4AF}\right);$$

$$\gamma' = \frac{1}{2A}\left(D \mp \sqrt{D^2 - 4AF}\right).$$

Observons que les équations (1), (2), (3), (4) ont suffi pour trouver les valeurs de Δ, Δ', γ, γ', mais que l'équation (5) n'est pas encore satisfaite. Il reste donc à substituer dans celle-ci les valeurs de Δ, Δ', γ, γ', et il en résulte l'équation de condition suivante

$$BD - 2AE = \pm \sqrt{B^2 - 4AC}\,\sqrt{D^2 - 4AF} \ldots (6),$$

ou

$$(BD - 2AE)^2 = (B^2 - 4AC)(D^2 - 4AF) \ldots (7).$$

entre les coefficiens de la proposée.

Cette condition n'est pas la seule qui doive avoir lieu pour que le problème soit possible ; il faut encore que les radicaux qui entrent dans les expressions de Δ, Δ', γ, γ', soient réels : cela a lieu quand $B^2 > 4AC$, ou quand $B^2 = 4AC$; car l'équation (7) fait voir que $(D^2 - 4AF)$ est toujours de même signe que $B^2 - 4AC$.

Il résulte de ce qui précède, que l'équation (A) sera décomposable en facteurs du premier degré, 1° si $B^2 > 4AC$, ou si $B^2 = 4AC$, c'est-à-dire quand l'équation proposée n'aura pas l'apparence de l'ellipse ; 2° si l'équation (B) se vérifie ; résultats entièrement conformes à ceux des n°s 30 et 31 ; d'où il suit que la proposée n'est décomposable que dans les cas mentionnés dans ces numéros.

Il suit encore de ce qui précède, que les équations des deux droites, représentées par l'équation (A), sont :

$$y = \frac{x}{2A}\left(-B - \sqrt{B^2 - 4AC}\right) + \frac{1}{2A}\left(-D \mp \sqrt{D^2 - 4AF}\right) \ldots (8),$$

et

$$y = \frac{x}{2A}\left(-B + \sqrt{B^2 - 4AC}\right) + \frac{1}{2A}\left(-D \pm \sqrt{D^2 - 4AF}\right) \ldots (9).$$

Il n'y aura pas d'ambiguité pour le signe de $\sqrt{D^2 - 4AF}$, quand $B^2 = 4AC$, c'est-à-dire dans le cas où la proposée a l'apparence de la parabole; mais cette ambiguité aura lieu dans les autres cas : pour la lever, il faut recourir à l'équation (6), qui fait voir que les radicaux $\sqrt{B^2 - 4AC}$, et $\sqrt{D^2 - 4AF}$, doivent être pris avec le même signe dans la même équation, lorsque $BD - 2AE$ est positif, *et vice versâ*.

Au reste, on peut être dispensé de cette attention en mettant dans les équations (8) et (9), pour $\sqrt{D^2 - 4AF}$, sa valeur $\frac{BD - 2AE}{\sqrt{B^2 - 4AC}}$: par-là elles deviennent

$$y = \frac{x}{2A}\left(-B - \sqrt{B^2 - 4AC}\right) + \frac{1}{2A}\left(-D - \frac{BD - 2AE}{\sqrt{B^2 - 4AC}}\right) \ldots (10),$$

et

$$y = \frac{x}{2A}\left(-B + \sqrt{B^2 - 4AC}\right) + \frac{1}{2A}\left(-D + \frac{BD - 2AE}{\sqrt{B^2 - 4AC}}\right) \ldots (11).$$

Ainsi les équations (8) et (9) s'emploieront quand $B^2 = 4AC$, et celles (10) et (11), quand $B^2 > 4AC$.

Exemples. On pourra vérifier par les équations (8) et (9), que l'équation

$$y^2 + 2xy + x^2 - 1 = 0,$$

est le produit de $(y + x + 1)$ par $(y + x - 1)$, et qu'elle représente les deux droites ayant pour équation

$$y = -x - 1, \text{ et } y = -x + 1$$

On vérifiera de même que l'équation

$$y^2 - x^2 + 2x - 1 = 0$$

est décomposable, car, 1° la condition (7) est satisfaite ; 2° la condition $B^2 > 4AC$ a lieu : les équations (10) et (11) font ensuite voir que les deux droites ont pour équation

$$y = -x + 1, \text{ et } y = x - 1,$$

ou que les facteurs de la proposée sont

$$y + x - 1, \text{ et } y - x + 1.$$

CONCLUSIONS.

34. 1°. Étant donnée à construire l'équation (A), on vérifiera d'abord, par le n° 32, si elle n'est pas absurde, ou si elle exprime une ligne possible ;

2°. On vérifiera par le n° 33, ou par les

nos 30 et 31, si elle exprime des lignes droites, et dans ce cas on les construira; car tout facteur qui satisfait à l'équation (A) est une solution qu'il n'est pas permis de négliger;

3°. Si l'équation proposée ne renferme aucune absurdité, et si elle n'exprime pas deux lignes droites, elle appartiendra à l'ellipse, quand $B^2 < 4AC$, à l'hyperbole, quand $B^2 > 4AC$, à la parabole, quand $B^2 = 4AC$;

4°. Sachant à laquelle des trois courbes appartient l'équation proposée, on déterminera la position et les dimensions de la courbe à l'égard des axes primitifs des coordonnées, en suivant la marche des nos 26, 27, 28, qui est, suivant nous, la plus directe et la plus simple.

Il faut cependant remarquer que, dans les cas où le terme xy manque dans l'équation, il suffit, pour l'ellipse et l'hyperbole, de transporter l'origine au centre, en conservant le parallélisme des axes primitifs; ce qui se fait en faisant disparaître les seconds termes de l'équation. Enfin, en faisant alternativement $x = 0$, et $y = 0$ dans l'équation proposée, on a très-simplement plusieurs points de la courbe propres à en faire connaître la position. Les tangentes parallèles aux axes des coordonnées procurent le même avantage. Plusieurs de ces points sont, il est vrai, quelquefois imaginaires dans l'hyperbole; mais quand ils ne suffisent pas, on a recours à la construction générale.

PROBLÈMES DIVERS.

PROBLÈME IER.

D'un point donné hors d'une Section conique, mener deux tangentes.

Pour l'ellipse. ON a donné différentes solutions de ce Problème : la plus simple que je connaisse est celle que l'on trouve dans la Géométrie analytique de Biot, n° 136 : celle que je vais donner paraît préférable et encore plus simple, parce qu'elle n'emploie pas le cercle, mais seulement la ligne droite dans la construction.

Soit mené par le point donné T (fig. 15), le diamètre TO et les deux tangentes cherchées TE et TE' : soit tirée la ligne EE', on démontre que cette ligne EE' est parallèle à la tangente QQ', et par conséquent au diamètre conjugué de OM ; en sorte que l'équation entre les coordonnées OP et PE est la même que celle qui a lieu entre les coordonnées rectangulaires des axes. Il suit de là qu'on doit avoir $OP = \frac{OM^2}{OT}$; il suffit donc de prendre une troisième proportionnelle à OT et OM pour avoir OP; construction très-simple qui n'exige pas l'emploi du cercle.

Connaissant OP, on aura les points cherchés E et E', en menant EE' parallèle à la tangente QQ'. La question est donc réduite à mener cette dernière tangente par le point M donné sur l'ellipse : c'est ce que l'on sait faire de plusieurs manières. En voici une qui se trouve dans l'ouvrage cité, n° 129.

Tirez B'N parallèle à OM : joignez les points B et N, et menez QMO' parallèle à BN, ce sera la tangente demandée. Cela est fondé sur ce que l'angle BNB', formé par les cordes supplémentaires, est égal à OMQ', c'est-à-dire à l'angle formé par le diamètre OM, et par son conjugué OM'.

Je rapporte ici la construction donnée par Biot, en faveur de ceux qui n'ont pas son ouvrage. Du foyer F' comme centre, et avec un rayon = BB', on décrira un arc de cercle : du point donné T comme centre, avec un rayon égal TF, on décrira un autre arc de cercle qui coupera le premier en K. Menant F'K, le point E' sera le point de tangence, et TE' la tangente cherchée.

On trouvera de la même manière le second point de tangence E'. La démonstration est facile : en effet, TF = TK ; de plus, FE' + E'F = BB', et F'E' + E'K = BB' : on a donc

$$E'F = E'K.$$

La ligne ET est donc perpendiculaire sur la ligne qui joint F et K ; donc les angles formés par les rayons vecteurs E'F' et E'F avec la tangente TE', sont égaux : donc, etc. ....

Voici une autre solution qui n'emploie aussi que la ligne droite dans la construction.

Soit (fig. 16) $OB = a$; $OC = b$; $OH = \alpha$; $HT = \beta$; $OP = x$; $PE = y$, l'équation de l'ellipse sera

$$a^2y^2 = b^2(a^2 - x^2) :$$

les triangles semblables QHT, QPE donnent

$$QH : HT :: QP : PE ;$$

mais par la propriété des tangentes à l'ellipse, on a

$$OB^2 = OP \cdot OQ ;$$

par là, la proportion ci-dessus devient

$$\frac{a^2}{x} - \alpha : \beta :: \frac{a^2}{x} - x : y ;$$

d'où l'on tire

$$y = 6\,\frac{a^2 - x^2}{a^2 - \alpha x};$$

mettant dans celle-ci pour $a^2 - x^2$ sa valeur $\frac{a^2y^2}{b^2}$ donnée par l'équation de l'ellipse, il vient

$$y = \frac{b^2}{6}\left(1 - \frac{\alpha x}{a^2}\right)$$

pour l'équation de la sécante EE', et d'où l'on tire cette construction fort simple.

Prenez $OS = \frac{a^2}{\alpha}$ et sur OC prolongez, s'il le faut, la partie $OR = \frac{b^2}{6}$, par les points R et S menez la sécante RE' qui coupera la courbe dans les points de tangence cherchés E et E'.

La raison de cette construction est simple; car si dans l'équation de la droite EE' on fait $x = 0$, elle donne $y = OR = \frac{b^2}{6}$, et quand on y fait $y = 0$, elle donne $x = OS = \frac{a^2}{\alpha}$.

M. Puissant (Propositions de Géométrie, n° 17), a trouvé, par une méthode beaucoup plus longue que la nôtre, la même équation

$$y = \frac{b^2}{6}\left(1 - \frac{\alpha x}{a^2}\right);$$

mais il s'est trompé en disant que c'était là l'équation de la tangente. Pour s'en convaincre, il suffit de remarquer qu'elle ne passe pas par le point T dont les coordonnées sont α et β; cette équation est celle de la sécante qui passe par les deux points de contact des tangentes.

Observons encore que pour le cas du cercle on a $b=a$, et l'équation devient

$$y=\frac{a^2-\alpha x}{\beta};$$

mais comme on peut toujours faire passer l'axe des x par le point T, il en résulte $\beta=0$, et l'équation se réduit à

$$x=\frac{a^2}{\alpha}=\text{OS}:$$

la sécante EE′ devient perpendiculaire sur OS: on en déduit la construction suivante, qui est plus simple que celle donnée dans les Elémens de Géométrie, en ce qu'elle n'exige pas une seconde circonférence.

Prenez (fig. 17) OT′$=\alpha=$OT : menez T′B et CS parallèle à T′B : élevez la perpendiculaire EE′ qui déterminera les points de tangence E et E′.

Pour la Parabole. La première méthode que nous avons donnée pour l'ellipse, fournit, par une marche analogue, la suivante pour la parabole. Tirez (fig. 18) le diamètre TX' parallèle à l'axe OX : prenez OP = O'T, et par le point P, menez EE' parallèle à la tangente QQ' : menez TE et TE' qui seront les tangentes demandées. Quant à la manière de mener QQ', elle est dans tous les Elémens.

Je passe à la méthode qui se trouve dans Biot, n° 172.

Du point T comme centre, et avec un rayon TF décrivez une circonférence qui coupe la directrice en L et L'; menez LE et L'E' parallèles à l'axe : les points E et E' seront ceux de tangence. La démonstration est facile ; car les triangles TEL, TEF sont égaux, ainsi que les angles TEF, ZEX" = T'EL.

Voici la méthode analogue à la troisième pour l'ellipse. Soit (fig. 19) OH $= \alpha$; TH $= \beta$; OF $= f$, et $y^2 = 4fx$ l'équation de la parabole. Soit prolongée la tangente ET jusqu'en Q. Les triangles semblables QHT, QPE donnent QH.PE = QP.HT, et la propriété de la tangente donne QP = 2OP $= 2x$. On tire de ces deux équations $(x + \alpha)\, y = 2\beta x$:

mettant dans le second membre $\frac{y^2}{4f}$ pour x, il vient la suivante,

$$y = \frac{2f}{\beta}(x + \alpha).$$

Telle est l'équation d'une sécante qui coupe la parabole dans les deux points de tangence E et E'. Si le point H tombait en dehors sur le prolongement de l'axe, il faudrait faire α négatif. Il en résulte la construction suivante :

Prenez sur le prolongement de l'axe (et au contraire en dedans de la parabole si le point H tombe en dehors) la partie OS = OH = α. Menez par le point S une ligne dont la tangente trigonométrique soit $\frac{2f}{\beta}$, ce sera la sécante qui passe par les points de tangence.

Pour l'Hyperbole. Je commence par la solution qui est dans Biot, n° (203). Du point donné T (fig. 20), et du rayon TF décrivez une circonférence : de l'autre foyer F' comme centre, et du rayon BB', décrivez une autre circonférence qui coupera la première dans les points K et K' : menez les lignes FK, F'K' qui couperont l'hyperbole dans les points de tangence cherchés E et E'.

Voici ma solution analogue à celle de l'ellipse : soit $OB=a$; $OC=b$; $OP=x$; $PE=y$; on aura dans la figure $OH=-\alpha$, $HT=-\beta$.

Les triangles semblables QHT, QPE donnent QP.HT = PE.QH. La propriété des tangentes donne $OB^2 = OP.OQ$. De ces deux équations on tire $-\beta(x^2-a^2)=y(a^2-\alpha x)$: substituant dans celle-ci pour x^2-a^2 sa valeur tirée de l'équation de l'hyperbole

$$\frac{a^2y^2}{b^2}=x^2-a^2,$$

on a finalement

$$y=\frac{b^2\alpha x}{a^2\beta}-\frac{b^2}{\beta}$$

pour l'équation de la sécante qui passe par les points de tangence E et E'.

Cette équation convient au cas où le point T tombe dans le quadran positif des x, y ; puisque nous avons eu égard dans la figure à la position de ce point. Lorsqu'il arrivera que α ou β seront négatifs, il faudra changer leur signe dans l'équation : ainsi, dans notre figure il faut changer le signe du deuxième terme. En faisant successivement $x=0$, $y=0$ dans l'équation, on voit la raison de la construction suivante :

Prenez (du côté des x positifs, si le point

H tombe de ce côté, et réciproquement, ce second cas a lieu dans la figure) la partie

$$OS = \frac{a^2}{\alpha}:$$

prenez (sur l'axe OC des y positifs, si le point H tombe du côté des x négatifs, comme cela a lieu dans la figure, et réciproquement) la partie $OR = \frac{b^2}{\beta}$: la ligne RS prolongée, s'il le faut, coupera l'hyperbole dans les points de tangence cherchés E et E'.

Remarque. Le point donné T peut être placé dans l'un des quatre angles ZOz, $Z'Oz'$, $z'OZ$, zOZ, formés par les assymptotes. Dans le premier cas, les deux tangentes toucheront la branche embrassée par le premier angle. Dans le deuxième, l'autre branche; dans le troisième et le quatrième, l'une et l'autre branches.

Si $\beta = 0$, la sécante est perpendiculaire à l'axe des x : si $\alpha = 0$, la sécante est parallèle à l'axe des x, et passe à la distance $\frac{b^2}{\beta}$; si l'on a en même temps $\alpha = 0$ $\beta = 0$, la sécante se confond avec les assymptotes. Enfin, si le point T est dans l'intérieur de la courbe, le problème est impossible.

PROBLÈME II.

Par un point donné, O, mener une normale aux sections coniques.

Pour l'ellipse. Soit (fig. 21) $AB=a$; $AC=b$; $AH=\alpha$; $HO=\mathcal{C}$; $AP=x$; $PM=y$, OI étant la normale cherchée.

On trouvera que l'expression de la sounormale PI est

$$PI=\frac{b^2x}{a^2};$$

donc

$$PH=\alpha-x \quad \text{et} \quad HI=\alpha-x+\frac{b^2x}{a^2}.$$

Les triangles semblables IMP, IHO donnent $IP.HO=IH.PM$. Substituant les expressions des lignes dans cette équation, on a la suivante :

$$xy(a^2-b^2)-a^2\alpha y+b^2\mathcal{C}x=0 \ldots\ldots (1).$$

Cette équation étant combinée avec celle de l'ellipse.

$$a^2y^2+b^2x^2-a^2b^2=0 \ldots\ldots (2),$$

on a, en éliminant,

$$x^4(a^2-b^2)^2-2a^2\alpha x^3(a^2-b^2)+x^2(a^2b^2\mathcal{C}$$
$$+a^4\alpha^2-a^2(a^2-b^2)^2)+2a^4\alpha x(a^2-b^2)-a^6\alpha^2=0\,..(3).$$

Cette équation étant du quatrième degré, fait voir que le problème a en général quatre solutions; mais deux d'entre elles peuvent être imaginaires. En y réfléchissant, on verra qu'elles sont toutes quatre réelles, ou qu'on peut mener quatre normales par le point donné, lorsque ce point est situé dans l'espace curviligne compris entre les quatre branches de la développée de l'ellipse. Il n'existe plus que deux normales lorsque le point donné est placé entre la développée et l'ellipse, ou hors de l'ellipse, comme dans la figure.

On peut trouver les points cherchés M par l'intersection de l'ellipse, même avec l'hyperbole de l'équation (1) : elle est équilatère. Les coordonnées de son centre A′ sont

$$AQ = \frac{a^2 \alpha}{a^2 - b^2}; \quad QA' = \frac{-b^2 \beta}{a^2 - b^2}.$$

Les assymptotes sont A′Q et A′X′ parallèles aux axes de l'ellipse. Enfin A′S est le demi-axe réel de l'hyperbole.

Si l'on ajoute l'équation (1), après avoir dégagé xy de son coefficient, et l'avoir multipliée par $2ab$, avec l'équation (2), on aura l'équation à la parabole,

$$a^2 y^2 + 2abxy + b^2 x^2 - \frac{2a^3 b \alpha}{a^2 - b^2} y + \frac{2ab^3 \beta}{a^2 - b^2} x = 0$$

dont les intersections avec l'ellipse donnent aussi les points cherchés M, M'.

Pour l'Hyperbole. S'il s'agit de mener les normales à une hyperbole par un point donné dont les coordonnées dans le quadran positif sont α et β (on prendra pour quadran positif celui dans lequel se trouve le point donné). Il suffit d'écrire $-b^2$ au lieu de $+b^2$ dans les calculs relatifs aux cas de l'ellipse, et l'on aura pour résoudre le problème les deux équations suivantes :

$$xy(a^2+b^2)-a^2\alpha y-b^2\beta x=0;$$
$$a^2y^2-b^2x^2+a^2b^2=0$$

dont la première, qui appartient aussi à une hyperbole, donnera deux ou quatre intersections suivant que le point donné sera placé en dehors ou en dedans de l'espace compris entre les branches de la développée de l'hyperbole donnée.

Au reste, tout ce que nous avons dit de l'ellipse a lieu pour le cas de l'hyperbole.

Pour la Parabole. Soit toujours O (fig. 22) le point donné; AH $=\alpha$; HO $=\beta$; AP $=x$; PM $=y$; l'équation de la parabole

$$y^2=px \;.\;.\;.\;.\;.\; (1).$$

On sait que la sounormale PI $= \frac{1}{2} p$. Les triangles semblables MPI, OHI donnent HI.PM = HO.PI, c'est-à-dire,

$$(x+\tfrac{1}{2}p-\alpha)y=\tfrac{1}{2}\beta p \text{ ou } 2xy+y(p-2\alpha)-\beta p=0\ldots(2).$$

En construisant l'hyperbole représentée par l'équation (2), elle coupera la parabole en trois ou un seul point M, suivant que le point O sera placé dans l'espace renfermé entre les deux branches de la développée de la parabole, ou qu'il sera en dehors.

En éliminant x entre les équations (1 et 2), on a

$$2y^3+py(p-2\alpha)-\beta p^2=0\ldots\ldots(3)$$

dont les racines donneront aussi les points cherchés M, M′, M″.

Si le point H tombe en dehors de la parabole, il faudra faire α négatif dans les calculs précédens.

On peut tirer de l'équation (3) une solution fort élégante qui consiste à décrire un cercle qui coupe la parabole donnée dans les trois points cherchés M, M′, M″, ainsi que l'exige la question.

Soit $\alpha'=$ AH′ et $\beta'=$ H′O′, les coordonnées du centre O′ du cercle cherché, et R son rayon. Son équation sera

$$(y-\beta')^2+(x-\alpha')^2=R^2 \ldots\ldots (4).$$

En substituant dans celle-ci pour x sa valeur $\frac{y^2}{p}$, tirée de (1), on aura pour déterminer les intersections du cercle et de la parabole, l'équation

$$y^4+p(p-2\alpha')y^2-2\beta'p^2y+p^2(\alpha'^2+\beta'^2-R^2)=0 \ldots (5).$$

En multipliant par y l'équation (3), elle devient

$$y^4+\tfrac{1}{2}p\,(p-2\alpha)\,y^2-\tfrac{1}{2}\beta p^2 y=0 \ldots\ldots (6).$$

Comparant terme à terme les équations (5 et 6) qui doivent être identiques et donner les mêmes racines, on a tout de suite

$$\alpha'=\tfrac{1}{4}p+\tfrac{1}{2}\alpha;\ \beta'=\tfrac{1}{4}\beta;\ R^2=\alpha'^2+\beta'^2=\overline{AO'}^2.$$

Les expressions des coordonnées du centre O′ sont très-simples, et l'ayant décrit, il coupera la parabole dans les trois points cherchés M, M′, M″ : il la coupera aussi dans le sommet A, à cause de la racine $y=0$ que nous avons été obligés d'introduire dans l'équation (3) en la multipliant par y : on sent qu'il ne faut pas avoir égard à cette racine étrangère à la question.

PROBLÈME III.

De la construction des équations indéterminées des troisième et quatrième degrés.

Toute équation déterminée d'un degré quelconque peut toujours être considérée comme le résultat de l'élimination entre deux équatious indéterminées. Par exemple, l'équation déterminée du quatrième degré peut toujours être produite par l'élimination de deux équations aux sections coniques. L'intersection de ces deux courbes donne les racines de la proposée : on sent qu'il y a une foule de combinaisons qui peuvent la produire.

Soit donnée l'équation

$$x^4 + ax^2 + bx + C = 0 \ldots\ldots (1):$$

elle peut représenter toute équation du quatrième degré, puisqu'on peut toujours faire disparaître le deuxième terme.

Je fais

$$x^2 = py \ldots\ldots (2)$$

et il en résulte la suivante :

$$p^2 y^2 + apy + b2 + C = 0$$

$$\text{ou} \quad \left(y + \frac{a}{2p}\right)^2 = \frac{b}{p2}\left(\frac{a2}{4b} - \frac{c}{b} - x\right) \ldots (3).$$

Il est clair qu'en construisant, comme on le voit dans la figure 23, les paraboles représentées par les équations (2 et 3), on aura 4, ou 2, ou 0, points d'intersections, suivant que la proposée aura 0, 2, 4 racines imaginaires. Ces racines seront exprimées par les abscisses AP ou x des points d'intersection M′, M″, ′M, ″M.

On peut aussi trouver les racines de la proposée en faisant couper une parabole par un cercle, et ce moyen est plus simple, parce que la circonférence est bien plus facile à tracer que la parabole.

Soient α et β les coordonnées inconnues du cercle et r son rayon : son équation sera

$$(y-\beta)^2+(x-\alpha)^2=r^2 \;\ldots\ldots\; (4)$$

en éliminant y entre les équations (2 et 4), on a

$$x^4+p(p-2\beta)x^2-2\alpha p^2x+p^2(\alpha^2+\beta^2-r^2)=0 \ldots (5).$$

Cette équation devant être identique avec la proposée (1), si on les égale terme à terme, on a trois équations, d'où l'on tire tout de suite

$$\alpha=-\frac{b}{2p^2};\; \beta=\frac{p^2-a}{2p};\; r^2=\frac{p^2(\alpha^2+\beta^2)-c}{p^2}.$$

Ainsi,

Ainsi en construisant la parabole de l'équation (2), et le cercle de l'équation (4), avec la valeur arbitraire de p et les valeurs trouvées de α, β, r, on aura quatre ou deux intersections qui donneront les valeurs de x. Si a est positif, on voit qu'en prenant $p=\sqrt{a}$, ce dont on est le maître, on a $\beta=0$. Alors la parabole a son sommet et le cercle son centre sur l'axe des x : il n'y a plus que deux intersections, et la proposée a deux racines imaginaires : cela a toujours lieu quand le terme ax^2 de l'équation (1) est positif.

Il résulte de ce qui précède que *lorsque deux paraboles dont les axes sont perpendiculaires viennent à se couper, le quadrilatère formé par les quatre points d'intersection est inscriptible dans un cercle*, théorème assez curieux, et qui n'a pas encore été aperçu, que je sache.

Si la proposée est du troisième degré, par exemple, $x^3+ax+b=0$: en la multipliant par x, on aura $x^4+ax^2+bx=0$. Il suffira donc de faire $C=0$ dans les calculs précédens, pour avoir les quatre racines dont celle $x=0$ sera inutile et étrangère à la proposée.

Les géomètres font à présent moins d'usage des constructions qu'autrefois : cependant elles peuvent être utiles et servent même à trouver plus promptement que par le calcul les racines approchées des équations numériques.

Pour cela il faut tracer sur un grand carton une parabole $x^2 = py$ dont le paramètre p soit de 100 millimètres, et dont les deux axes rectangulaires qui passent par le sommet portent, à partir de ce point, des divisions en millimètres. Cette même parabole peut servir pour toutes les équations possibles du troisième et du quatrième degré, il n'y a plus que le cercle qui varie pour chaque cas. Comme les expressions de α, β et r sont simples, on a très-promptement, à l'aide des divisions marquées sur le carton, les racines de la proposée, à $\frac{1}{200}^{ième}$ près. La méthode de Newton donne ensuite facilement les valeurs plus approchées. Cette méthode a l'avantage d'indiquer d'un coup d'œil les racines positives, négatives et imaginaires : elle est bien plus expéditive que celle fondée sur l'équation au carré des différences des racines.

Remarque 1re. Il pourrait arriver que les points d'intersection tombassent fort loin et hors du carton. Voici le moyen d'y remédier :

Substituez dans la proposée à la place de x une autre inconnue x', multipliée par le plus grand coefficient négatif pris positivement et augmenté de l'unité, vous aurez une transformée dans laquelle les racines de x' seront toutes plus petites que 1, et tomberont par conséquent entre 0 et 1 ou entre 0 et -1.

Par exemple, si l'on proposait l'équation

$$x^4 + 2x^2 - 4x + 5 = 0,$$

je ferais $x = 5x'$.

Remarque 2°. En faisant $x = -x'$, les racines négatives deviennent positives, et le même côté de la figure donne successivement toutes les racines tant positives que négatives.

Remarque 3°. Voici une remarque qui n'a pas ici d'application, mais qui peut être utile en certains cas. Si dans l'équation proposée on substitue pour x le plus grand coefficient négatif pris positivement et augmenté de l'unité moins une autre inconnue x', on aura une transformée dans laquelle toutes les racines de x' seront positives. Par exemple, si j'avais $x^3 + 4x^2 - 6 = 0$, je ferais $x = 7 - x'$, et il viendrait la transformée

$$x'^3 - 25x'^2 + 204x' - 540 = 0,$$

dont les racines

$$x' = 6;\ x' = 9;\ x' = 10$$

sont toutes positives; tandis que celles de la

proposée étaient

$$x = 1;\ x = -2;\ x = -3.$$

Remarque 4°. On peut encore trouver les racines de l'équation du troisième degré

$$x^3 + ax + b = 0$$

par l'intersection de la parabole ayant pour équation $x^3 = y$, et de la ligne droite dont l'équation est $y + ax + b = 0$. Cette parabole du troisième ordre est la même pour tous les cas, et il n'y a de variable que la ligne droite. Cette méthode est plus simple que celle dans laquelle on emploie le cercle, parce que la droite se construit tout de suite en prenant $x = -\frac{b}{a}$ sur l'axe des abscisses, et $y = -b$ sur l'axe des ordonnées.

PROBLÈME IV.

Deux cercles, C et C' (fig. 4), *étant donnés de position et de grandeur, trouver le point T où se rencontrent les deux tangentes qui les touchent tous deux.*

SOLUTION.

Ce Problème n'est ni nouveau ni difficile : je ne le rapporte que parce qu'il admet une construction très-simple que je n'ai vue nulle part. La voici :

Aux centres, élevez les deux rayons CA, C'A' perpendiculairement à la ligne CC' des centres; menez la ligne AA' jusqu'à ce qu'elle rencontre en T la ligne des centres prolongée : le point T sera le point cherché.

Démonstration.

Soit TM la tangente cherchée, et CM, C'M' les deux rayons perpendiculaires à cette tangente; faisons $CM = R$, $C'M' = r$, $CC' = c$, $C'T = x$.

Les triangles semblables CMT, C'M'T donnent l'équation

$$Rx = rc + rx;$$

d'où l'on tire

$$x = \frac{rc}{R - r}.$$

Maintenant si l'on mène la ligne A'B parallèle à la ligne des centres, les triangles semblables AA'B, A'C'T donnent

$$R - r : c :: r : C'T;$$

d'où

$$C'T = x = \frac{cr}{R - r};$$

donc la sécante AA′ concourt au même point que la tangente MM′.

De là on peut conclure que si l'on a un angle quelconque MTM, et qu'on y inscrive tant de cercles qu'on voudra qui soient touchés par les côtés de cet angle, la sécante TA qui passera par l'extrémité de l'un des rayons perpendiculaires à la ligne des centres, passera en même temps par les extrémités de tous les autres rayons perpendiculaires à la même ligne.

Ce Problème sert à déterminer le cône d'ombre que la terre forme derrière elle ; car il n'y a qu'à supposer que CA est le rayon du soleil, C′A′ celui de la terre, et CC′ la distance de la terre au soleil.

Nota. La solution précédente aurait encore lieu quand même les rayons CA, C′A′ ne seraient pas perpendiculaires à la ligne des centres, mais seulement parallèles entre eux.

PROBLÈME V.

Un vase étant rempli de sphères très-petites par rapport aux dimensions du vase, trouver le rapport du plein au vide.

Tout espace peut toujours être décomposé en pyramides triangulaires ; la question se réduit donc à chercher le rapport demandé pour le cas d'un vase ayant la forme d'une pyramide triangulaire.

Imaginons que cette pyramide soit pleine de petites sphères ; il faut supposer qu'elles prendront entre elles l'arrangement qu'il convient pour qu'il en entre le plus grand nombre possible. Cet arrangement est celui d'une pile triangulaire : or, on démontre qu'en appelant n le nombre des boulets d'un côté de la base, celui des boulets de la pile est $\frac{n}{6}(n+1)(n+2)$; mais comme le nombre des boulets est supposé très-grand, la somme ci-dessus se réduit à $\frac{n^3}{6}$.

En appelant 1 le diamètre d'un boulet, sa solidité est 0,5236; donc le volume de tous les boulets de la pile sera $\frac{0{,}5236 \,.\, n^3}{6}$, ou $\frac{0{,}2618 \,.\, n^3}{3}$.

Il faut maintenant chercher la solidité de la pyramide circonscrite à la pile. Si l'on imagine une perpendiculaire abaissée du sommet du tétraèdre sur sa base, on trouvera d'abord que la surface de cette base est $\frac{n^2 \sqrt{3}}{4}$, et que cette perpendiculaire est $n\sqrt{\frac{2}{3}}$; donc la solidité du tétraèdre, qui est égale au produit de la base par le tiers de la hauteur, sera $\frac{n^3}{6\sqrt{2}}$; donc en divisant par cette solidité celle que nous avons trouvée précédemment pour la somme des boulets, on aura $0{,}5236.\sqrt{2}$, ou 0,7405 pour le rapport du volume des boulets à la capacité du vase, et par conséquent 0,2595 pour le rapport du vide total à la même capacité du vase : donc enfin le plein sera au vide comme 7405 est à 2595, à peu près comme 3 : 1.

Observation. Le rapport de l'azote à l'oxigène ne diffère pas beaucoup du précédent : on le retrouve plusieurs fois dans les gaz combinés. Ne pourrait-on pas soupçonner que les gaz sont composés de globules sphériques, et que les molécules de l'un, très-petites par rapport à celles de l'autre, remplissent les vides qui se trouvent entre ces derniers.

PROBLÈME VI.

Mesurer la solidité d'un parallélipipède rectangle terminé par une surface courbe.

Concevons le solide en question partagé en

un grand nombre de petits parallélipipèdes, par des plans perpendiculaires entre eux et à la base, et également distans : on démontre aisément que chacun de ces parallélipipèdes sera égal au produit de sa base par le quart de la somme de ces quatre arêtes. Or, toutes les arêtes invisibles, c'est-à-dire celles qui sont dans l'intérieur du solide, se trouvent répétées quatre fois dans l'addition totale, comme étant communes à quatre des petits parallélipipèdes; les arêtes du contour appartiennent seulement à deux solides : enfin, celles des quatre angles n'appartiennent qu'à un seul petit solide; d'où il suit que, pour avoir le solide total, il faut ajouter, 1° toutes les arêtes intérieures ou invisibles; 2° la moitié des arêtes du contour, à l'exception de celles des quatre angles; 3° le quart seulement des quatre arêtes des quatre angles, et multiplier cette somme par la base de l'un des petits parallélipipèdes.

PROBLÈME VII.

Trouver la surface d'un quadrilatère.

La surface de tout quadrilatère est égale à la moitié du produit des deux diagonales, par le sinus de l'angle compris entre ces deux diagonales.

Pour le démontrer, observons que les quatre angles AOC, COD, DOB, BOA (fig. 25) ont le même sinus que j'appelle S. L'aire de chacun des quatre triangles qui composent le quadrilatère ou leur somme, est

$$\tfrac{1}{2} S(AO.BO + BO.OD + OD.OC + OC.OA),$$

ou

$$\tfrac{1}{2} S(AO + OD)(OC + OB),$$

ou enfin

$$\tfrac{1}{2} S.AD.BC;$$

ce qui prouve la démonstration du théorème énoncé; d'où résulte cet autre théorème. De quelque manière qu'on place deux lignes l'une sur l'autre dans un plan, pourvu qu'elles fassent le même angle, le quadrilatère formé en joignant les quatre extrémités de ces lignes, aura toujours la même aire.

PROBLÈME VIII.

Décrire graphiquement un arc parabolique, qui touche deux lignes droites en deux points donnés.

Proposons-nous d'abord le problème suivant :

Les lignes AB, AC (fig. 26) d'un angle BAC,

étant divisées en un nombre indéfini de parties égales pour chacune des lignes, ensorte, par exemple, que les divisions de la ligne AB portent, à partir du point B, les numéros 0, 1, 2, 3, 4, etc., et que celles de la ligne AC portent, à partir du point A, les numéros 0′, 1′, 2′, 3′, etc.; si, par un numéro quelconque, 7, de la ligne AB, on mène la lignc 77′, et que, par les numéros voisins, on mène la ligne 88′, on demande la courbe, qui est le lieu géométrique de tous les points M d'intersection de deux lignes consécutives.

Par un des points M de la courbe soit mené MP parallèle à AC, et appelons $AB = a$; $AC = b$; $PM = y$; $BP = x$; φ l'intervalle 78 d'une division de la ligne AB, et $\mathit{6}$ l'intervalle 7′8′ d'une division de la ligne AC, on aura

$$B7 = n\varphi, \text{ et } A7' = n\mathit{6}.$$

(En appelant n le nombre des divisions parcourues par la ligne mobile 77′, pour aller de B en 7, et de A en 7′), dans la position suivante de la ligne 88′, on aura

$$B8 = \varphi\,(n + 1).$$

Cela posé, les triangles semblables 7PM, 7A7′ et 8PM, 8A8′ donneront

$$7P : PM :: 7A : 7'A, \text{ et } 8P : PM :: 8A : a8',$$

c'est-à-dire

$$x - n\varphi : y :: a - n\varphi : n\beta ,$$

et

$$x - \varphi(n+1) : y :: a - \varphi(n+1) : \beta(n+1).$$

Maintenant si on met en équation ces deux proportions, et qu'ensuite on élimine n, ce qui se fait très-simplement en les retranchant d'abord l'une de l'autre, et substituant ensuite dans l'une des deux la valeur de n, qui ne sera plus qu'au premier degré, on aura l'équation suivante :

$$\varphi^2 y^2 + \beta^2 x^2 + 2\beta\varphi xy - 4a\beta\varphi y - \varphi^2\beta^2 = 0 \ldots . (A).$$

Cette équation appartient à une parabole ; ainsi tous les points M marqués par le procédé de l'énoncé de la question seront situés sur une parabole ; ensorte que si on les joignait par de petites lignes, on aurait un polygone inscrit dans la parabole. Ce polygone et cette parabole changeront suivant la grandeur de β et φ, ou suivant le nombre des divisions des lignes AB et AC. Plus ce nombre de divisions sera grand, plus le polygone approchera de se confondre avec la parabole. Si l'on veut avoir la parabole, qui est la limite de toutes celles qu'on peut tracer en augmentant de plus en plus le nombre des divisions, il suffit d'effacer dans l'équation (A) le terme $\beta^2\varphi^2$, qui, dans l'hypothèse actuelle, est nul à l'égard des autres. Il faut aussi, dans ce même cas, mettre a au lieu de φ, et b au lieu de β, parce qu'il est évident que $\frac{\varphi}{\beta} = \frac{a}{b}$; alors l'équation devient

$$a^2y^2 + b^2x^2 + 2abxy + 4a^2by = 0 \ldots . (B).$$

Cette équation représente la parabole qui toucherait tous les cordons menés de la ligne AB à la ligne AC, avec cette condition que les deux extrémités du cordon glisseraient ou se mouvraient sur les côtés de l'angle avec des vîtesses proportionnelles à ces côtés.

Je vais donner un moyen fort simple de trouver l'axe et le foyer de cette parabole.

Soit construit sur les deux côtés de l'angle BAC le parallélogramme ABCD. L'équation B, quand y fait $x = 0$, donne $y = 0$ et $y = 4b$: donc la parabole passe par le point B et par le point M′ placé à la distance BM′ $= 4b$: il est évident que si on eût pris le point C pour origine des coordonnées, on aurait trouvé de même, que la parabole passe par le point C et par le point M″, distant de C de la quantité $4a = 4$AB.

Il n'est pas moins évident que les points B

et C sont des points de tangence; car quand $y=o$, l'équation B donne $x^2=o$, c'est-à-dire $x=o$ et $x=o$: si on eût pris le point C pour origine des coordonnées, on aurait démontré de même, qu'en ce point la ligne AC est tangente à la courbe.

Il suit de ce qui précède, que si par le point B′ placé sur le milieu de BM′, distant de B de la quantité $2b$, on mène la droite CB′, elle sera un diamètre de la parabole, puisqu'elle partagera en deux parties égales l'ordonnée BM′, parallèle à la tangente AC : donc si on mène CF, faisant l'angle FCA égal à l'angle B′CA″, le foyer F sera sur quelque point de cette ligne : par la même raison, si on mène BC′ sur le milieu C′ de CM″, et qu'on fasse l'angle FBA égal à C′BA′, le foyer F devra encore être sur quelque point de la ligne BF, donc il sera à l'intersection des lignes BF et CF. Enfin, si par le point F on mène une droite FT parallèle à BC′ ou CB′, cette ligne qui sera aussi parallèle à la diagonale AD, sera le grand axe de la parabole : il ne restera plus qu'à mener la perpendiculaire BQ et marquer le milieu S de TQ pour avoir le sommet S de la parabole.

On peut encore simplifier cette construction. En effet, les quatre triangles ABD, ACD,

BDC′, CDB′ étant semblables et de plus égaux, on voit que l'angle A′BC′ est égal à l'angle BAD, et que de même A″CB′ = CAD. Par conséquent il suffira, après avoir formé le parallélogramme ABCD, de faire ABF = BAD; et ACF = CAD. Le point F d'intersection sera le foyer; on trouvera ensuite le sommet S comme nous l'avons dit.

La méthode graphique que j'ai décrite dans cet article est employée par les ingénieurs des ponts et chaussées pour raccorder par une courbe deux alignemens d'une route.

PROBLÈME IX.

Décrire graphiquement un arc elliptique qui touche deux lignes droites en deux points donnés.

Proposons-nous la question suivante :

Les lignes AB et AC (fig. 27) d'un angle BAC étant divisées chacune en un nombre quelconque de parties égales pour chacune des lignes, ensorte, par exemple, que les divisions de la ligne AB portent, à partir du point B, les numéros 0, 1, 2, 3, 4, 5, etc., et que celles de la ligne AC portent, à partir du point A, les numéros 0′, 1′, 2′, 3′, etc., si par un point quelconque 7 de la ligne AB on mène la ligne 7C et que par le point 7′ correspondant on mène la ligne B7′, on demande la courbe qui passe par tous les points M d'intersection de lignes, telles que B7′, C7.

Soit 7C et 7′B deux lignes menées conformément à l'énoncé de la question, M un point de la courbe cherchée, soit fait $AB = a$, $AC = b$; l'abcisse $BP = x$ et y, l'ordonnée PM parallèle à AC.

Les triangles semblables BMP, BA7′ et 7PM, 7AC donnent

$$x : y :: a : A7' = \frac{ay}{x} \ldots\ldots (1)$$

et

$$x - B7 : y :: a - B7 : b = \frac{b\,(a - B7)}{x - B7} \ldots\ldots (2).$$

De plus, l'énoncé donne

$$a : b :: B7' : A7' = \frac{b.\,B7}{a} \ldots\ldots (3).$$

Éliminant les lignes B7 et A7′ des équations (1) (2) (3), on aura l'équation cherchée de la courbe

$$a^2y^2 + b^2x^2 - abxy - a^2by = 0 \ldots\ldots (4)$$

qui appartient à l'ellipse, puisque le carré du coefficient des xy est plus petit que le quadruple du produit des coefficiens de x^2 et y^2.

Remarquons

Remarquons d'abord qu'il n'en est pas de ce problème comme du précédent : l'ellipse reste la même indépendamment du nombre des divisions que l'on a faites sur AB et AC, puisque leur grandeur n'entre pas comme élément dans l'équation : ainsi, quel que soit le nombre de ces divisions, le polygone formé par toutes les intersections M des cordons, sera toujours inscrit dans la même ellipse.

Si l'on résout l'équation (4) par rapport à y et à x, on a

$$y = \frac{bx + ab}{2a} \pm \frac{b}{2a}\sqrt{a^2 + 2ax - 2x^2} \;\ldots\ldots (5)$$

et

$$x = \frac{ay}{2b} \pm \frac{a}{2b}\sqrt{4by - 3y^2} \;\ldots\ldots (6).$$

Je cherche les points où les ordonnées y sont tangentes à l'ellipse. Dans ces points les deux valeurs de y devant être égales, le radical de l'équation (5) doit être zéro. On a donc

$$a^2 + 2ax - 3x^2 = 0,$$

équation qui, étant résolue, donne

$$x = \text{AB} = a \quad \text{et} \quad x = -\tfrac{1}{3}a = \text{BD};$$

les valeurs correspondantes de y données par

l'équation (5) sont alors

$$y = b = AC \quad \text{et} \quad y = \tfrac{1}{3}b = DC'.$$

Je cherche pareillement les deux points où les abscisses sont tangentes : dans ces points, le radical de l'équation (6) devra être nul pour que les deux valeurs de x soient égales. On a donc $4by - 3y^2 = 0$, d'où l'on tire $y = 0$ et $y = \frac{4b}{3}$: les valeurs correspondantes de x données par la même équation (6) sont $x = 0$ et $x = \frac{2}{3}a$.

Il suit de là que si on prolonge AB de la quantité $BD = \frac{1}{3}AB$, et qu'on prolonge de même le côté AC de la quantité $CE = \frac{1}{3}AC$, et qu'on construise sur AD et AE le parallélogramme ADFE, l'ellipse cherchée sera inscrite dans ce parallélogramme, et elle le touchera dans les quatre points B, C, B', C', situés de manière qu'on aura $EC = \frac{1}{3}b$; $EB' = \frac{1}{3}a$; $BD = \frac{1}{3}a$; $DC' = \frac{1}{3}b$.

L'ellipse étant placée symétriquement dans le parallèlogramme, les lignes BB' et CC' seront des diamètres conjugués de deux lignes menées par le centre de l'ellipse, parallèlement aux côtés du parallélogramme.

Le centre O sera évidemment à l'intersection des deux lignes BB', CC'.

Il sera aisé de trouver les axes par les méthodes exposées dans la première section de cet ouvrage.

Première remarque. Lorsqu'on a en même temps $a = b$ et l'angle BAC égal au sixième de circonférence, on démontre aisément que l'ellipse devient un cercle.

Deuxième remarque. Le problème dont il s'agit offre un moyen simple de décrire un arc d'ellipse lorsqu'on ne peut approcher du centre.

Dans le cas particulier de $a = b$, on peut décrire cet arc d'ellipse par un mouvement continu : en effet, si B7′ et C7 sont deux règles liées ensemble par un fil $7a7' = a = b$ qui passe autour du point A, ensorte que quand on fait mouvoir une des règles de A vers C, l'autre aille de B en A, ou réciproquement, l'intersection des deux règles décrira par un mouvement continu l'ellipse du problème.

3e *Remarque.* Nous avons déjà dit dans le dernier problème que lorsque les ingénieurs veulent faire raccorder par une courbe les deux directions d'une route qui font un angle BAC, ils emploient le procédé expliqué dans le problème précédent, et la courbe qui en résulte est, comme on a vu, une parabole qui a l'inconvénient d'être différente, suivant le nombre des divisions des lignes AB et AC, et de plus, de ne pas passer exactement par les points B et C. En employant la construction du présent problème, on obtiendrait une ellipse qui n'aurait pas ces inconvéniens, et qui aurait de plus l'avantage de procurer un tournant moins brusque. Cet avantage paraît surtout essentiel, si la route est en plaine : il faut ajouter que le procédé pour décrire l'ellipse est plus facile, plus expéditif, et emploie moins de personnes.

4e *Remarque.* Si l'on proposait de décrire une ellipse qui touchât deux lignes AB et AC, données de position, dans des points B et C, le problème serait indéterminé, et toutes les ellipses qui auraient leurs centres placés sur la ligne AO prolongée, fourniraient une solution différente : la méthode expliquée dans cet article est une de ces solutions.

PROBLÈME X.

Méthode nouvelle et simple de décrire l'ellipse.

Je me propose d'abord de résoudre le problème suivant :

Trouver la courbe décrite par un point

donné d'une ligne droite dont une extrémité glisse le long d'une autre ligne droite, tandis que l'autre décrit une circonférence.

Soit CB et AB (fig. 28) deux verges liées en B par une charnière, si on fait mouvoir cette espèce de compas à branches inégales, de façon que la pointe A glisse le long de la ligne CA, tandis que l'autre bout C tourne autour du point fixe C, un point M de la branche AB décrira la courbe dont il s'agit.

Soit AB $= a$; BC $= b$; AM $= c$; CP $= x$; PM $= y$: ayant abaissé la perpendiculaire BD, les triangles semblables APM, ABD donneront

$$c : y :: a : \text{BD} = \frac{ay}{c}.$$

De plus on a

$$\overline{\text{AD}}^2 = \overline{\text{AB}}^2 - \overline{\text{BD}}^2;\ \overline{\text{AP}}^2 = \overline{\text{AM}}^2 - \overline{\text{PM}}^2;\ \overline{\text{CD}}^2 = \overline{\text{CB}}^2 - \overline{\text{BD}}^2.$$

On a aussi une autre expression de AD par la proportion

$$\text{AM} : \text{AP} :: \text{AB} : \text{AD};\ \text{AD} = \frac{a}{c}\sqrt{c^2 - y^2} = \frac{a}{c}\,\text{AP};$$

donc

$$\text{PD} = \pm\left(\frac{a}{c}.\ \text{AP} - \text{AP}\right) = \pm\left(\frac{a}{c} - 1\right)\sqrt{c^2 - y^2}$$

suivant l'endroit où l'on a choisi le point M de la courbe.

Enfin on a

$$CP = x = \pm CD \pm PD,$$

c'est-à-dire,

$$x = \pm\sqrt{b^2 - \frac{a^2 y^2}{c^2}} \pm \left(\frac{a}{c} - 1\right)\sqrt{c^2 - y^2}$$

suivant le point de la courbe que l'on considère.

En faisant disparaître les radicaux de cette équation, on voit que la courbe cherchée est du quatrième ordre : elle est composée de quatre parties égales et symétriques par rapport au point C; ce qui doit être, puisqu'en effet le compas ABC peut être placé de quatre manières symétriques autour du point C.

On observera encore que la courbe change considérablement de forme suivant que la branche AB est plus grande ou plus petite que BC; la figure 28 a trait au premier cas, et la figure 29 au second. La position du point M influe aussi beaucoup sur la forme de la courbe : plus il est près de A, plus elle approche d'être une ligne droite : plus au contraire le point M est près de B, plus elle approche d'être un cercle, et en ce point B elle en est réellement un.

Il est un cas particulier qui mérite d'être examiné, parce qu'il offre un résultat aussi curieux qu'intéressant, et qui n'a encore été remarqué par personne que je sache; c'est celui où l'on a $a=b$. Dans ce cas l'équation de la courbe devient

$$x=\sqrt{c^2-y^2}\left(\pm\frac{a}{c}\pm\left(\frac{a}{c}-1\right)\right);$$

mais en faisant attention que la courbe étant unique, il suffit de prendre une seule combinaison de signes, on a, en quarrant les deux membres,

$$y^2=\left(\frac{c^2}{2a}-c\right)^2((2a-c)^2-x^2),$$

équation qui appartient à un ellipse dont le demi-grand axe CO (fig. 30) est $2a-c$ et le demi-petit axe CI est c.

On tire de là un procédé très-simple pour décrire une ellipse, soit par points, soit par un mouvement continu.

Soit $\mathcal{C}$ ou CO le demi-grand axe de l'ellipse à décrire, et CI ou c son demi-petit axe, on aura

$$2a-c=\mathcal{C};$$

d'où

$$a=\tfrac{1}{2}(\mathcal{C}+c):$$

on prendra donc un compas ABC, dont les branches soient chacune égales à

$$a = \frac{1}{2}(\beta + c):$$

on marquera sur l'une des branches un point M portant un style à la distance AM $= c$: posant l'autre pointe en C, centre de l'ellipse, on fera mouvoir l'extrémité A de la branche AB le long du grand axe indéfini CO, et le style tracera l'ellipse demandée.

Si l'on a deux paires de règles (fig. 31), BAB', BCB', assemblées en charnière dans les points C et A, et fixées ensemble dans les points B et B', par des vis à écrou qui peuvent glisser dans des rainures; et si de plus, on fixe en M et M' deux styles, on aura un petit instrument très-simple qui décrira d'un seul mouvement l'ellipse entière, en rapprochant les charnières A et C, suivant la diagonale CA du parallélogramme ABCB', dont les quatre côtés doivent être égaux.

Au défaut de cet instrument, on y suppléerait en décrivant (fig. 30), du point C comme centre, et d'un rayon CB $= \frac{1}{2}$(CO+CI), une circonférence, et faisant glisser entre la droite CA et la circonférence, une droite AB = CB. Le point M placé en prenant AM égal au demi-petit axe CI, décrira l'ellipse demandée.

C'est ici le lieu de rappeler une autre méthode connue et fort simple. Si l'on fait glisser (fig. 32), dans l'angle droit ACB la ligne AB, tout point pris sur cette ligne ou sur son prolongement, décrira une ellipse; celle décrite par le point M aura pour demi-grand axe la ligne entière MB, et pour demi-petit axe AM: celle décrite par le point M′ aura pour demi-grand axe M′B, et pour demi-petit axe M′A: celle décrite par le point M″, milieu de AB, sera un cercle ayant pour rayon $\frac{1}{2}$ AB.

PROBLÈME XI.

Méthode nouvelle de décrire un cercle dont on ne peut approcher du centre.

Proposons-nous le problème suivant.

Trouver la courbe décrite par un poids suspendu par un fil au bout d'une verge, laquelle tourne autour d'un point fixe.

CA (fig. 32), est une verge portant à son extrémité A le poids M suspendu par le fil MA. On demande la courbe que décrit le poids M lorsque la verge tourne autour du point C: ce cas est celui que présente le bassin d'une balance dont on incline le fléau.

Soit CP $= x$ l'horizontale passant par C, PM $= y$; CA $= a$; AM $= b$: on aura

$$x^2 + (y + b)^2 = a^2.$$

C'est la courbe cherchée qui, comme on voit, est une circonférence de cercle dont le rayon est a, et dont le centre O est sur la verticale CO $= b$.

Corollaire. On peut déduire de ce qui précède, le moyen fort simple de décrire un cercle dont on ne peut approcher du centre O. Pour cela, on décrira un autre cercle d'un rayon égal à celui du cercle qu'on se propose de tracer, et dont le centre C soit placé arbitrairement. Par tous les points A de ce premier, on mènera des lignes AM parallèles et égales à CO, distance des deux centres : les points M ainsi trouvés appartiendront au cercle qu'on voulait décrire.

Enfin on sent que si CA et AM sont deux règles liées par une charnière A, on pourra décrire le cercle en question par un mouvement continu, au moyen d'une équerre dont un côté toucherait AM, et l'autre glisserait le long d'une ligne perpendiculaire à CO.

En menant le rayon OM, on voit que, dans tous les points M, on a toujours le parallélogramme AMOC, ce qui démontre synthétiquement tout ce qui précède.

PROBLÈME XII.

Trouver entre les deux côtés et les deux diagonales d'un parallélogramme, une équation qui fasse connaître l'une quelconque de ces quatre quantités, par le moyen des trois autres.

Soit (fig. 37) un parallélogramme quelconque. Par une propriété trigonométrique très-connue des triangles obliquangles, on a

$$\overline{BD}^2 = \overline{AB}^2 + \overline{AD}^2 - 2AB \,.\, AD \,.\, \cos BAD\,;$$

et

$$\overline{AC}^2 = \overline{AB}^2 + \overline{BC}^2 - 2AB \,.\, BC \times \cos ABC:$$

ajoutant ces deux équations, en faisant attention que AD = BC, et que les angles BAD, ABC étant supplémens l'un de l'autre, leurs cosinus sont de signes contraires, il vient

$$\overline{BD}^2 + \overline{AC}^2 = 2\overline{AB}^2 + 2\overline{BC}^2;$$

ce qui fournit le théorème suivant dont l'usage est commode.

Dans tout parallélogramme, la somme des quarrés des deux diagonales est égale à celle des quarrés des quatre côtés (*).

PROBLÈME XIII.

Méthode nouvelle de déterminer le centre de gravité de l'aire d'un polygone irrégulier quelconque.

Pour le quadrilatère. Partagez le quadrilatère en deux triangles par une diagonale, et joignez les centres de gravité de ces deux triangles, par une droite.

Partagez encore le quadrilatère en deux autres triangles par sa seconde diagonale, et joignez de même les centres de gravité de ces deux triangles, par une seconde droite. Le point d'intersection des deux droites ci-dessus sera le centre de gravité du quadrilatère.

La démonstration est trop évidente pour s'y arrêter.

Pour le pentagone. Partagez par une dia-

(*) Ce théorème est un cas particulier de celui qu'a trouvé Euler pour le cas du quadrilatère.

gonale le pentagone en un quadrilatère et un triangle, et joignez par une droite, les centres de gravité de ce quadrilatère et de ce triangle : partagez d'une autre manière quelconque le pentagone en un quadrilatère et un triangle, et joignez de même par une droite les centres de gravité du quadrilatère et du triangle ; le point d'intersection des deux droites ci-dessus sera le centre de gravité du pentagone.

On voit aisément qu'en général on aura le centre de gravité d'un polygone quelconque, en le partageant, de deux façons différentes, en deux autres polygones dont on joindra les centres partiels par deux droites : l'intersection de ces deux droites sera le centre du polygone total.

Cette manière de trouver le centre de gravité n'est pas la plus expéditive quand le polygone est d'un grand nombre de côtés ; mais elle a cela de curieux et de remarquable, qu'elle s'exécute par la règle seule, sans employer aucun calcul. Je ne l'ai trouvée dans aucun livre.

PROBLÈME XIV.

Un plan triangulaire, pesant, et de plus chargé d'un poids additionnel, reposant horizontalement sur trois pointes verticales placées aux trois angles, trouver la charge que supporte chacune de ces trois pointes.

Soit (fig. 38) ABC le plan pesant que je ne suppose encore chargé d'aucun poids étranger. Si l'on suppose à chacun des angles un poids égal au tiers de celui de l'aire du triangle, et que l'on cherche le centre d'inertie de ces trois poids égaux, on trouve aisément qu'il est placé au même point que celui de l'aire du triangle : donc chacune des charges supportées par les pointes est égale au tiers du poids du triangle.

Ajoutons maintenant un poids étranger P, et tirons la ligne APD; la charge qui résulte en A, par l'effet de ce poids additionnel, est $p\,\frac{DP}{AD}$. la charge qui a lieu en D est $p\,\frac{AP}{AD}$. Cette dernière force qui a lieu en D produit en B une charge exprimée par $p\,\frac{AP}{AD}\cdot\frac{CD}{CB}$; et au point C une charge exprimée par $p\,\frac{AP}{AD}\cdot\frac{BD}{CB}$.

A chacune des charges trouvées pour les points A, B, C, il ne reste plus qu'à ajouter le $\frac{1}{3}$ du poids du triangle, s'il est homogène; mais s'il est hétérogène, on en cherchera le centre de gravité, et on le distribuera sur les trois pointes, comme nous avons fait pour le poids P.

Ce petit problème peut fournir un moyen simple d'avoir la résultante de trois forces égales parallèles et situées dans des plans différens.

PROBLÈME XV.

BMAR (fig. 34) est une corde fixement attachée en B par une de ses extrémités : un point R est suspendu à son autre extrémité : A est une poulie et M un danseur de corde qui se promène de B vers A : on demande la courbe que décrivent les pieds de ce danseur.

Nous supposerons que la corde est sans pesanteur, sans frottement et indéfinie, afin de simplifier les calculs, et de plus, la poulie infiniment petite.

Soit M un des points où le danseur se trouve en équilibre avec le poids R. Le poids du danseur que j'appelle *m*, et que je représente par la verticale de grandeur arbitraire M*m*, se décompose en deux autres forces Ma et Mb : la dernière Mb est détruite par le point d'appui B, et la première Ma tend à faire remonter le poids R, que j'appelle r, et doit par conséquent être égale à r, puisqu'il y a équilibre.

On sent que tous les points où cette condition $r = \text{M}a$ aura lieu, appartiendront à la courbe cherchée.

Je suppose AB $= a$ et horizontal pour simplifier les calculs ; et ayant prolongé la verticale mM jusques en P, j'appelle AP $= x$, PM $= y$; enfin, je mène l'horizontale aK.

Les triangles semblables APM, MaK et BPM, Mak donnent ces proportions AP : PM :: aK : KM ; BP : PM :: aK : mK ; PM : AM :: MK : Ma ; si dans les trois équations que fournissent ces proportions, on substitue x pour AP ; y pour PM ; $\sqrt{x^2 + y^2}$ pour AM ; $a - x$ pour BP et m — MK pour Km ; qu'ensuite on élimine dans ces mêmes équations les lignes aK et MK, on trouvera

$$\text{M}a = r = \frac{m\ (a - x)\ \sqrt{x^2 + y^2}}{ay},$$

d'où l'on tire

$$y = \pm \frac{mx\ (a - x)}{\sqrt{a^2 r^2 - m^2\ (a - x)^2}}$$

La

La courbe changera de forme selon le rapport de r à m. Par exemple, on verra en faisant $x = 0$ dans le radical, qu'il devient imaginaire si $r < m$, et que dans ce cas la courbe ne passe pas par le point A; donc alors le danseur ne peut pas aller de B jusques en A.

PROBLÈME XVI.

Trouver la courbe que décrit sur un plan horizontal, un corps tiré a l'aide d'un fil, par une puissance qui se meut suivant une ligne droite.

Soit T (fig. 37) la puissance qui se meut suivant la droite AT, en traînant, à l'aide du fil TM, le corps M.

Il est aisé de voir, 1° que le corps M doit à chaque instant se trouver sur la tangente MT à la courbe; 2° que cette tangente est constante.

Faisons $AP = x$; $PM = y$; $MT = 1$. En comparant les triangles semblables Mrm, MPT, on a,

$$-dy : \sqrt{dx^2 + dy^2} :: y : 1,$$

d'où l'on tire en observant que dx augmente

lorsque dy diminue,

$$dx = -\frac{dy}{y}\sqrt{1-y^2},$$

qu'on peut, en multipliant haut et bas du second membre par $\sqrt{1-y^2}$, mettre sous cette forme

$$dx = \frac{ydy}{\sqrt{1-y^2}} - \frac{dy}{y\sqrt{1-y^2}},$$

et dont on trouve aisément que l'intégrale est

$$x = -\sqrt{1-y^2} + \log\frac{1+\sqrt{1-y^2}}{y} + \mathrm{C}.$$

Pour déterminer la constante C, on observera que les coordonnées α et β, qui déterminent la position du corps M, au commencement du mouvement, sont connues : on aura donc

$$\mathrm{C} = \alpha + \sqrt{1-\beta^2}\ 1\ \log\frac{1+\sqrt{1-\beta^2}}{\beta}.$$

Par exemple, si on suppose que le corps était en O sur la perpendiculaire OA, lorsque la puissance T était en A, on a $\alpha = 0$, lorsque $\beta = 1$, ce qui donne $\mathrm{C} = 0$.

On peut toujours prendre l'origine des x de manière à avoir $\mathrm{C} = 0$.

On a de fréquens exemples de la courbe dont il s'agit, et il faut remarquer que le frottement n'en change pas la nature, parce que cette résistance se fait dans le sens du fil.

Lorsqu'un batelier tire suivant le bord rectiligne d'un canal, un corps flottant sur une eau tranquille, la courbe décrite par ce corps est encore celle que nous venons de trouver.

Il est aisé de voir comment il faudrait se conduire si la puissance T se mouvait suivant une courbe donnée.

Les commençans pourront s'exercer sur cet autre problème.

Trouver la courbe que décrit un vaisseau en mer qui poursuit un autre vaisseau, lequel se meut suivant une ligne droite; en supposant que le premier dirige toujours sa quille sur le second.

On sent que la portion de courbe décrite par le premier depuis le point de départ jusques au point de la tangente passant par le second, est au chemin parcouru par le second, dans un rapport constant et donné.

PROBLÈME XVII.

Trouver la position que prend l'espèce de lit appelé pliant, *quand il est chargé d'un poids.*

Je place ici ce petit problème, parce qu'il offre un cas d'équilibre assez piquant et qui pourrait embarrasser les commençans : c'est en même temps un exemple de la manière dont on peut résoudre la plupart des problèmes de statique, en employant ce principe aussi fécond que simple dont on ne fait pas assez d'usage dans les livres de statique, savoir, que la pesanteur fait toujours descendre le centre de gravité du système mobile, aussi bas que possible.

La figure 39 est la section verticale du lit appelé *pliant*, qui repose sur le plan horizontal AB : CMD est une corde qui porte le poids M : les règles AD, BC qui peuvent tourner sur l'axe O, prendront, par l'effort du poids M, une position telle, que ce poids M sera le moins éloigné possible de l'horizontale AB. Cela aura lieu quand la quantité PO + OM ou PO + OQ — MQ sera un *minimum*.

Je fais abstraction du frottement et de la

pesanteur des verges AD, BC : on pourrait toujours y avoir égard, en suivant la marche de la présente solution.

Soit $AO = BO = a$; $CO = DO = b$; $AP = PB = x$; $CM = DM = c$: on aura

$$PO = \sqrt{a^2 - x^2};\ QO = \sqrt{b^2 - \frac{b^2 x^2}{a^2}};$$

à cause de

$$CQ = \frac{bx}{a};\quad \text{et}\quad QM = \sqrt{c^2 - \frac{b^2 x^2}{a^2}}.$$

La quantité qui doit être un *minimum* est donc

$$\sqrt{a^2 - x^2} + \sqrt{b^2 - \frac{b^2 x^2}{a^2}} - \sqrt{c^2 - \frac{b^2 x^2}{a^2}}.$$

Egalant donc à zéro la différentielle de cette quantité, on aura une équation qui fera connaître x. Elle sera composée de trois radicaux, et pour les faire disparaître, on tombera dans une équation du huitième degré, résoluble comme celle du quatrième : cependant cette équation a une racine simple et commensurable. Nous la trouverons plus aisément en suivant une autre marche.

Soit z l'angle PAO; on aura $PO = a \sin z$; $QO = b \sin z$; $QM = \sqrt{c^2 - b^2 \cos z^2}$.

La quantité qui doit être un *minimum* sera donc

$$a \sin z + b \sin z - \sqrt{c^2 - b^2 \cos z^2}.$$

Différentiant cette quantité, on aura en l'égalant à zéro, après l'avoir divisée par $dz \cos z$, l'équation

$$a + b - \frac{b^2 \sin z}{\sqrt{c^2 - b^2 \cos z^2}} = 0.$$

Mettant pour $\sin z$ sa valeur $\sqrt{1 - \cos z^2}$, on trouvera aisément, après avoir isolé la fraction, quarré les deux membres et dégagé cos z, l'équation

$$a \cos z = x = \frac{a}{b} \sqrt{\frac{(a+b)^2 c^2 - b^4}{a^2 + 2ab}} \ldots\ldots (A).$$

Le principe de la décomposition des forces conduit au même résultat. Soit 2 le poids M : on le décomposera en deux autres dirigées suivant les cordons et appliquées aux points C et D. Chacune de ces forces sera exprimée par

$$\frac{c}{\sqrt{c^2 - \frac{b^2 x^2}{a^2}}}:$$

il faut décomposer cette force dans les points C et D en deux autres, l'une verticale qui sera exprimée par

$$\frac{c}{\sqrt{c^2-\frac{b^2x^2}{a^2}}}\times\frac{\sqrt{c^2-\frac{b^2x^2}{a^2}}}{c}$$

ou 1, et l'autre horizontale agissant de C vers D et de D vers C, qui sera exprimée par

$$\frac{c}{\sqrt{c^2-\frac{b^2x^2}{a^2}}}\times\frac{bx}{ac} \text{ ou } \frac{bx}{a\sqrt{c^2-\frac{b^2x^2}{a^2}}}.$$

Maintenant il faut imaginer aux points A et B deux forces verticales, chacune égale à 1 et agissant de bas en haut.

Ces trois forces doivent se faire équilibre autour du point O. Celle qui agit verticalement en C a pour levier CQ ou $\frac{bx}{a}$: celle qui agit au même point de C vers Q a pour levier QO ou $\sqrt{b^2-\frac{b^2x^2}{a^2}}$: celle qui agit en B de bas en haut a pour levier x : si l'on prend les momens de ces trois forces, et qu'on égale ceux des deux forces verticales à celui de la force horizontale, c'est-à-dire les momens de la première et de la troisième au moment de la deuxième, on retrouvera l'équation A.

Si dans l'équation A on suppose $a = b$, on aura pour ce cas particulier

$$x = \sqrt{\frac{4c^2 - a^2}{3}},$$

ce qui fournit les observations suivantes : La question est absurde ou impossible quand $2c$ est plus petit que a : alors les points A et B doivent se confondre pour que le poids descende le plus bas possible : en second lieu, quand $c = a$ on a $x = a$, c'est-à-dire que le point O tombe en P : ainsi, pour que le problème soit possible, il faut que c soit plus petit que a et plus grand que $\frac{a}{2}$.

PROBLÈME XVIII.

Balance algébrique propre à trouver les racines des équations numériques de tous les degrés.

La résolution des équations numériques a occupé et occupe encore les Géomètres. M. de la Grange est celui qui a poussé le plus loin cette théorie. Je n'entreprends pas ici de rien ajouter à ce qu'a fait cet illustre Géomètre. Il ne s'agit que d'un instrument nouveau propre à donner très-promptement les racines approchées.

On trouve dans l'Encyclopédie méthodique, au mot *Equation*, la description d'un constructeur universel des équations déterminées. Cet instrument qui n'y est appliqué qu'aux équations du second degré, est déjà très-compliqué : il est aisé de voir que, pour les degrés supérieurs, la complication augmenterait au point de le rendre impraticable.

J'ai imaginé un autre instrument fondé sur un principe entièrement nouveau, et qui me paraît susceptible d'être employé dans la pratique, avec beaucoup d'avantage, à la détermination des racines de tous les degrés.

Soit

$$a + bx + cx^2 + dx^3 + ex^4 + fx^5 + \text{etc.}, = 0 \ldots (1),$$

l'équation proposée dont je suppose les coefficiens numériques.

Je pose les équations

$$x = y'; x^2 = y''; x^3 = y'''; x^4 = y^{\text{iv}}; x^5 = y^{\text{v}}, \text{etc.},$$

la proposée devient.

$$a + by' + cy'' + dy''' + ey^{\text{iv}} + fy^{\text{v}}, + \text{etc.}, = 0 \ldots (2).$$

Supposons maintenant qu'ayant pris (fig. 36), BC = Bc = 1 ; et ayant élevé la perpendiculaire BA = 1, on mène les lignes AC, Ac, et qu'on construise de part et d'autre de AB les paraboles AM″C, AM‴C, AM^{IV}C....... Am″c, Am‴c, Am^{IV}c........ etc., représentées par les équations

$$x^2 = y''\,;\ x^3 = y''',\ \text{etc.},$$

en prenant

$$\text{AP} = x\,;\ \text{PM}'' = y''\,;\ \text{PM}''' = y'''\,;\ \text{PM}^{\text{IV}} = y^{\text{IV}}.$$

Supposons ensuite que, dans l'équation (1), qui aura des termes négatifs, si elle a des racines réelles et positives, on ait transposé dans le second membre ces termes négatifs.

Supposons enfin qu'on ait placé dans les points C′, M′, M″, M‴, M^{IV} et m′, m″, m‴, m^{IV}, etc., des poids proportionnels aux coefficiens a, b, c, d, etc., alors il est évident que si AB est un axe horizontal, il y aura équilibre autour de cet axe, entre les poids qui sont à gauche et ceux qui sont à droite.

Par exemple, si l'équation proposée est

$$2 + 3x - 4x^2 + 8x^3 + 9x^4 - 5x^5 = 0 \ldots . (1');$$

je l'écris ainsi :

$$2 + 3y' - 4y'' + 8y''' + 9y^{\text{IV}} - 5y^{\text{V}} = 0 \ldots . (2');$$

puis ainsi :

$$2 + 3y' + 8y''' + 9y^{\text{IV}} = 4y'' + 5y^{\text{V}} \ldots . (3').$$

Je pose au point C' un poids égal 2; au point M' un poids $= 3$; au point M''' un poids $= 8$; au point M^{IV} un poids $= 9$; au point m'' un poids $= 4$; au point m^{V} un poids $= 5$. Il est aisé de sentir que la somme des momens qui sont à gauche, devant être égale à celle des momens des poids de droite, il y aura équilibre, si $AP = x$ est une des racines de la proposée.

Imaginons à présent, qu'au moyen d'un mécanisme quelconque, une règle $C'm'$ fasse mouvoir les poids chacun sur la ligne droite ou courbe qui lui appartient, l'équilibre aura lieu chaque fois que AP sera une racine positive.

Pour avoir les racines négatives, on pourrait continuer les courbes au-delà du point A, et le mouvement de la règle $C'm'$ les indiquerait par l'état d'équilibre; mais il est plus simple de changer en positives les racines négatives de la proposée, en changeant les lignes des puissances impaires de x : alors, en recommençant l'opération, la même portion de l'instrument qui a donné les racines positives, donne aussi les négatives.

Enfin, pour limiter la grandeur de l'instrument, j'ai supposé qu'on avait préparé la proposée de manière que la transformée eût ses racines plus petites que 1. (*Voy*. Prob. III.)

On sent encore que pour plus de simplicité il faut diviser la proposée par le plus grand de ses coefficiens ; car alors l'unité de poids qu'on aura choisie arbitrairement, étant placée sur l'une des courbes, les autres poids seront des fractions décimales de celui-là.

Telle est l'idée fondamentale de l'instrument que j'appelle *Balance algébrique*. Il reste à décrire ou plutôt à trouver l'instrument lui-même : plusieurs difficultés de pratique se présentent.

L'axe AB, au lieu d'être horizontal, peut être vertical et tourner autour d'un point pris en dessus de A.

Dans ce système, l'équilibre aura lieu quand AB sera vertical, ce qui se reconnaîtra par un fil à plomb.

La règle $C'm'$, qui doit faire mouvoir les poids, peut être mue à l'aide d'une vis de rappel.

Chacune des courbes peut être découpée en forme de fente mince, et la règle doit porter une rainure qui enfile les petits axes qui portent les poids : enfin, ces poids peuvent être logés dans de petits sceaux suspendus à ces axes : plusieurs de ces sceaux seront vides, ou ne porteront aucun poids, suivant les termes qui manquent dans chaque membre de l'équation proposée.

Voilà les principales observations qui doivent servir de base à la construction de la balance. Je ne doute pas que si elle est construite en cuivre et avec soin, elle ne puisse donner les racines à $\frac{1}{1000}$ près. La méthode de Newton donne ensuite facilement des approximations plus grandes.

Je préviens qu'une des plus grandes difficultés à vaincre, sera d'éviter le rapprochement des poids dans le voisinage des points A, C, *c*.

A l'égard des racines imaginaires, elles sont toujours en nombre pair, et égales au plus grand exposant de x diminué du nombre des racines réelles.

Quant aux racines égales, outre qu'on a des moyens de les reconnaître, l'instrument peut aussi les faire apercevoir, en considérant que les racines imaginaires sont en nombre pair.

Je regrette que le temps et les circonstances ne m'aient pas permis de faire exécuter l'instrument dont il s'agit; j'espère m'en occuper incessamment ; en attendant, j'ai cru devoir en faire connaître les principes et donner une esquisse de sa construction : ce qui reste à faire est la partie la moins difficile. Enfin, j'espère que les Géomètres trouveront assez piquante l'idée d'avoir rapproché la statique de l'analyse, et fait servir la théorie des momens à la résolution des équations. Plusieurs savans du premier ordre, à qui j'ai communiqué cet écrit, ont bien voulu donner leur approbation à la balance algébrique : c'est ce qui m'engage à la publier, avant d'avoir perfectionné les détails de construction.

PROBLÈME XIX.

Sur une propriété nouvelle de la lumière.

Le 20 juin 1810, j'ai adressé à M. le président de l'Institut la lettre transcrite ci-après, laquelle renferme l'exposé d'une nouvelle propriété de la lumière. Dans la séance du 25, MM. Monge, Lacroix et Charles ont été nommés commissaires pour répéter mes expériences, et en faire le rapport. Plusieurs circonstances ayant retardé ce rapport, et le temps ne me permettant pas de l'attendre plus long-temps, j'éprouve le regret de ne pouvoir l'insérer ici. Voici ma lettre.

Paris, le 26 juin 1810.

A M. le Président de l'Institut national.

Monsieur le président,

Je prends la liberté d'appeler l'attention de l'Institut sur un phénomène d'optique qui paraît n'avoir pas encore été aperçu, et qui peut avoir des conséquences importantes, tant pour le progrès de la science que pour l'explication de plusieurs autres phénomènes. Newton, Bouguer et autres ont parlé de la déperdition ou de l'affaiblissement que les rayons de lumière éprouvent en traversant un milieu diaphane. Si l'on place dans ce milieu un autre corps diaphane, les rayons éprouvent une seconde déperdition. Aucun des Savans n'a tenu compte dans ses calculs, de la distance entre ce corps diaphane et le corps lumineux. Cependant cette distance est un élément essentiel qui constitue une nouvelle loi de la lumière qu'on peut énoncer ainsi :

Lorsque les rayons de lumière traversent un corps diaphane, la déperdition qu'ils éprouvent est d'autant plus grande que le corps diaphane est plus éloigné du corps lumineux :

cette déperdition se fait suivant une loi de décroissement encore inconnue.

Voici quelques expériences qui constatent le phénomène en question.

1°. Considérez pendant la nuit une bougie : faites promener entre la bougie et votre œil un plan de verre, vous observerez que la netteté de la bougie est d'autant plus grande, ou que la lumière est d'autant plus intense, que le plan de verre est plus près de la bougie.

2°. Tout le monde peut avoir remarqué que lorsqu'étant à une fenêtre, on aperçoit une bougie dans un appartement en face dont la fenêtre est fermée, la lumière est d'autant plus vive qu'elle est plus proche de la fenêtre : le phénomène cesse quand la fenêtre est ouverte; ce qui prouve qu'il n'est pas dû à la distance un peu variable entre l'œil et la bougie.

3°. Des phénomènes du même genre s'observent pendant le jour, mais moins sensiblement, quand on regarde des objets à travers des plans de verre.

Il résulte de ces expériences, que les petites lanternes de verre doivent mieux éclairer que les plus grandes, à bougies égales, et que dans

dans les lampes à quinquet les cheminées d'un petit diamètre doivent faire plus d'effet que celles plus grandes.

On peut augurer aussi que dans les lunettes, les distances focales de l'objectif et de l'oculaire conservant le même rapport, il y aura de l'avantage à les faire plus petites.

On pourra encore, par analogie, conclure que les petits poêles doivent chauffer plus que les grands, à combustible égal. C'est en cherchant quelle grandeur doit avoir un poêle pour chauffer le plus possible, que j'ai été conduit à faire des expériences sur la lumière.

Il reste deux points à examiner.

1°. Chercher la cause du phénomène dont il s'agit.

2°. Trouver la loi de décroissement suivant laquelle se fait la déperdition de la lumière, ou quelle fonction elle est de la distance entre le corps lumineux et le corps diaphane.

Sur le premier point, on pourrait peut-être dire que quand le corps diaphane est deux fois plus près, le faisceau conique des rayons rencontre quatre fois moins d'obstacle, ou qu'il a quatre fois moins de matière à ébranler, d'où il résulte moins de perte ou d'absorption des rayons.

Quant à la loi du décroissement, il faudra une série d'expériences variées et délicates pour la découvrir. Je ne les ai pas entreprises, parce que ma cécité les eût rendues difficiles pour moi et peu concluantes pour le public : des Physiciens, d'ailleurs plus habiles, s'empresseront sans doute de se livrer à cette recherche.

J'ai consigné les idées de cette lettre dans mes *Mélanges physico-mathématiques*, page 86, imprimés en l'an 9. Voyant qu'elles n'ont excité ni l'attention, ni la controverse des Savans, j'en ai parlé à M. Lacroix, membre de l'Institut, qui s'en est lui-même entretenu avec MM. Monge et Bouvard. Ces Savans ayant répondu qu'ils ne connaissaient point le phénomène dont il s'agit, j'ai pensé qu'il méritait d'être soumis à l'Institut : je serai satisfait si cette lettre lui paraît mériter quelque intérêt.

Je suis avec la plus haute considération,

Monsieur le Président,

Votre très-humble et très-obéissant serviteur,

BERARD.

MM. Lacroix et Charles ont répété l'expérience qui sert de base à ma lettre, et l'ont trouvée exacte ; c'est-à-dire, qu'ayant fait promener un disque de verre entre la lumière d'une bougie et l'œil, ils ont trouvé que la vivacité de la lumière était d'autant plus grande que le disque était plus près de la bougie.

Mais M. Charles a fait une autre expérience que voici : au lieu de regarder la bougie à l'œil nu, il a regardé un livre éclairé par la bougie, et il a remarqué qu'il lisait avec la même facilité, quelle que fût la distance du disque à la bougie : il en conclut que les rayons ne perdent ni plus ni moins de leur intensité en passant à travers le disque, quelle que soit sa distance à la bougie.

Voici comment M. Charles explique pourquoi l'intensité de la lumière varie quand les rayons frappent l'œil nu, tandis qu'elle ne varie point quand les rayons sont réfléchis par le livre. Il dit que quand le disque est très-proche de la bougie, chaque molécule de verre que les rayons traversent pour arriver à l'œil est illuminée par la bougie, et devient un corps lumineux du second ordre, un petit foyer rayonnant qui lance des rayons à l'œil ; d'où résulte une espèce d'illusion qui fait paraître la bougie plus vive ou plus étincelante :

il ajoute que le phénomène est d'autant plus sensible, que le verre est moins pur; ensorte que, lorsqu'il est dépoli, l'effet est beaucoup plus grand.

M. Malus, officier du Génie militaire, qui s'est beaucoup occupé de l'optique, explique la chose différemment : Lorsque, dit-il, on regarde à la fois deux objets différens situés en ligne droite, et à distances inégales, on ne les voit nettement ni l'un ni l'autre, parce que l'organe de l'œil, qui a la propriété d'éloigner ou de rapprocher le cristallin de la rétine, suivant la distance de l'objet, afin de rendre la vision distincte, ne peut user de cette faculté pour regarder à la fois deux objets inégalement distans : voilà pourquoi l'œil nu ne peut voir nettement la bougie quand le disque de verre en est éloigné, tandis qu'il la voit sans confusion quand le disque en est voisin.

Je réponds à M. Malus, que le disque interposé ne fixe aucunement l'attention, et ne paraît pas devoir produire l'effet qu'il lui attribue; car il convient lui-même que lorsqu'on porte fortement son attention sur l'un des deux objets, l'autre ne trouble plus la vision par sa présence. Il faut ajouter que pendant la nuit le disque n'est pas visible, ce qui détruit l'explication de M. Malus.

Je réponds à M. Charles, que si les globules de verre traversés par les rayons, devenaient réellement des corps lumineux, ils éclaireraient le livre comme ils éclairent l'œil nu; et alors le phénomène qui a lieu quand on regarde la bougie à l'œil nu, s'observerait encore quand on regarde le livre éclairé par la bougie.

Au reste, il n'est pas bien certain que l'intensité de lumière, reçue par le livre, ne varie pas du tout par le changement de place du disque; et M. Charles convient que l'expérience sur la déperdition de la lumière a besoin d'être faite plus exactement, par la comparaison des teintes des ombres. Ne pourrait-on pas dire que, dans l'expérience du livre, le phénomène en question existe quoique d'une manière moins frappante? Quand on regarde la bougie d'abord à l'œil nu et sans disque, puis à travers un disque très-proche de la bougie, enfin à travers un disque beaucoup plus éloigné de la bougie, les intensités de lumière, dans ces trois cas, peuvent être représentées par les nombres 1000, 900, 800. Quand les rayons arrivent à l'œil après avoir été réfléchis par le livre qui en a absorbé une portion, par exemple les $\frac{99}{100}$, alors les trois nombres ci-dessus sont réduits à 10, 9, 8, et représentent les intensités dans la seconde expérience : il peut se faire que la différence de 8 à 9 soit insensible à l'œil, tandis que celle de 800 à 900 était frappante. Voici une autre expérience qui détruit celle de M. Charles, ou plutôt les conséquences qu'il en tire : placez une bougie dans une petite chambre obscure percée d'un petit trou ; recevez le faisceau sur un papier blanc, en le faisant couper par le disque, vous observerez que le papier est d'autant plus éclairé, que le disque est plus proche de la bougie : si vous employez un livre au lieu de papier blanc, vous trouverez la même facilité à lire dans toutes les positions du disque ; ce qui offre un nouveau phénomène à expliquer.

Quoi qu'il en soit des explications qui précèdent, le phénomène que j'ai fait connaître n'en existe pas moins ; il mérite d'être étudié et approfondi à cause des conséquences qui peuvent en résulter tant pour la théorie que pour les arts. J'ai rapporté fidèlement les premières réflexions de trois Physiciens habiles ; j'ai osé, par amour de la vérité, y ajouter les miennes ; je desire qu'une discussion approfondie des Savans achève d'éclaircir la matière.

FIN.

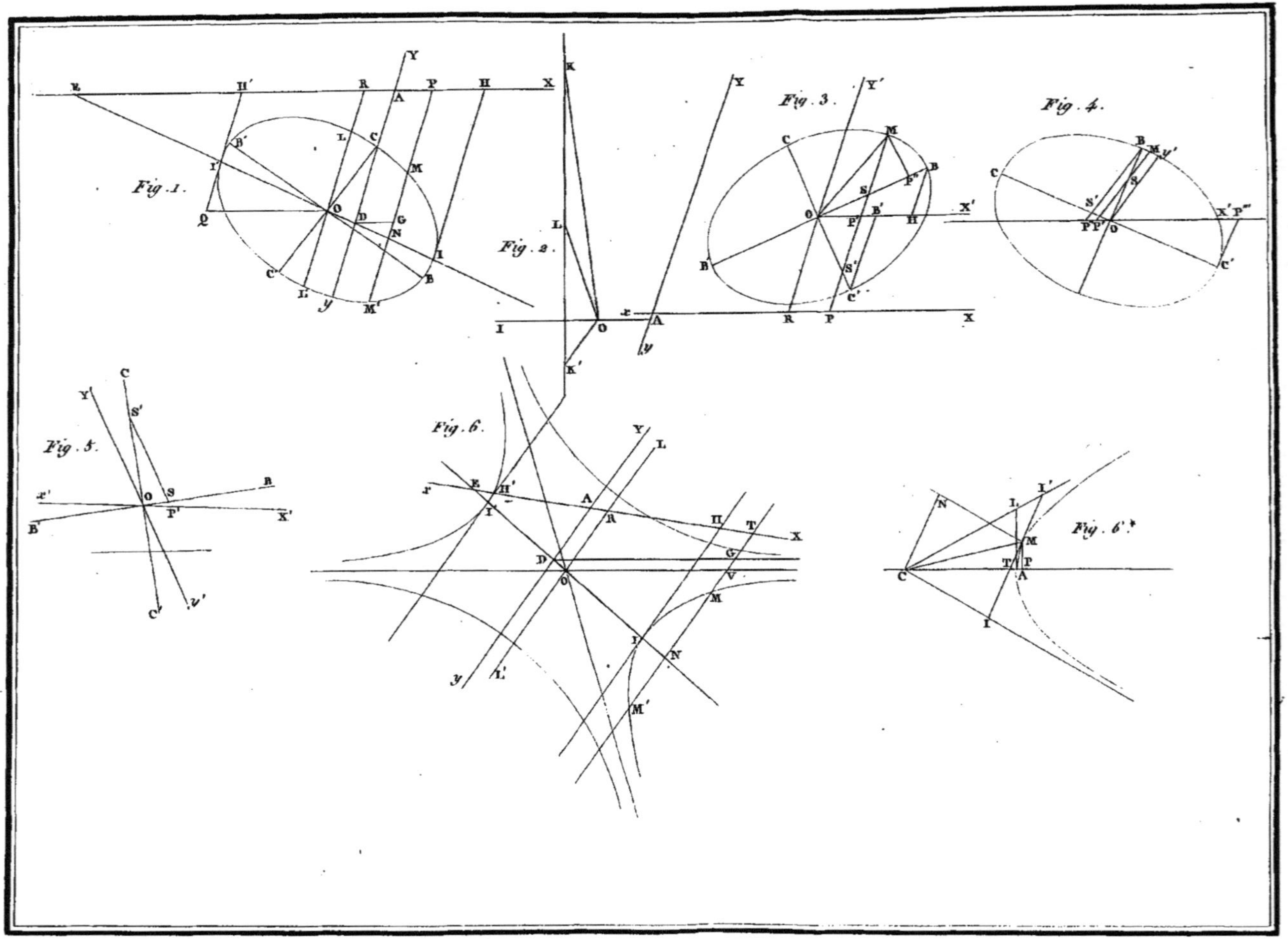

Pl. 1.

Fig. 1.

Fig. 2.

Fig. 3.

Fig. 4.

Fig. 5.

Fig. 6.

Fig. 6.*

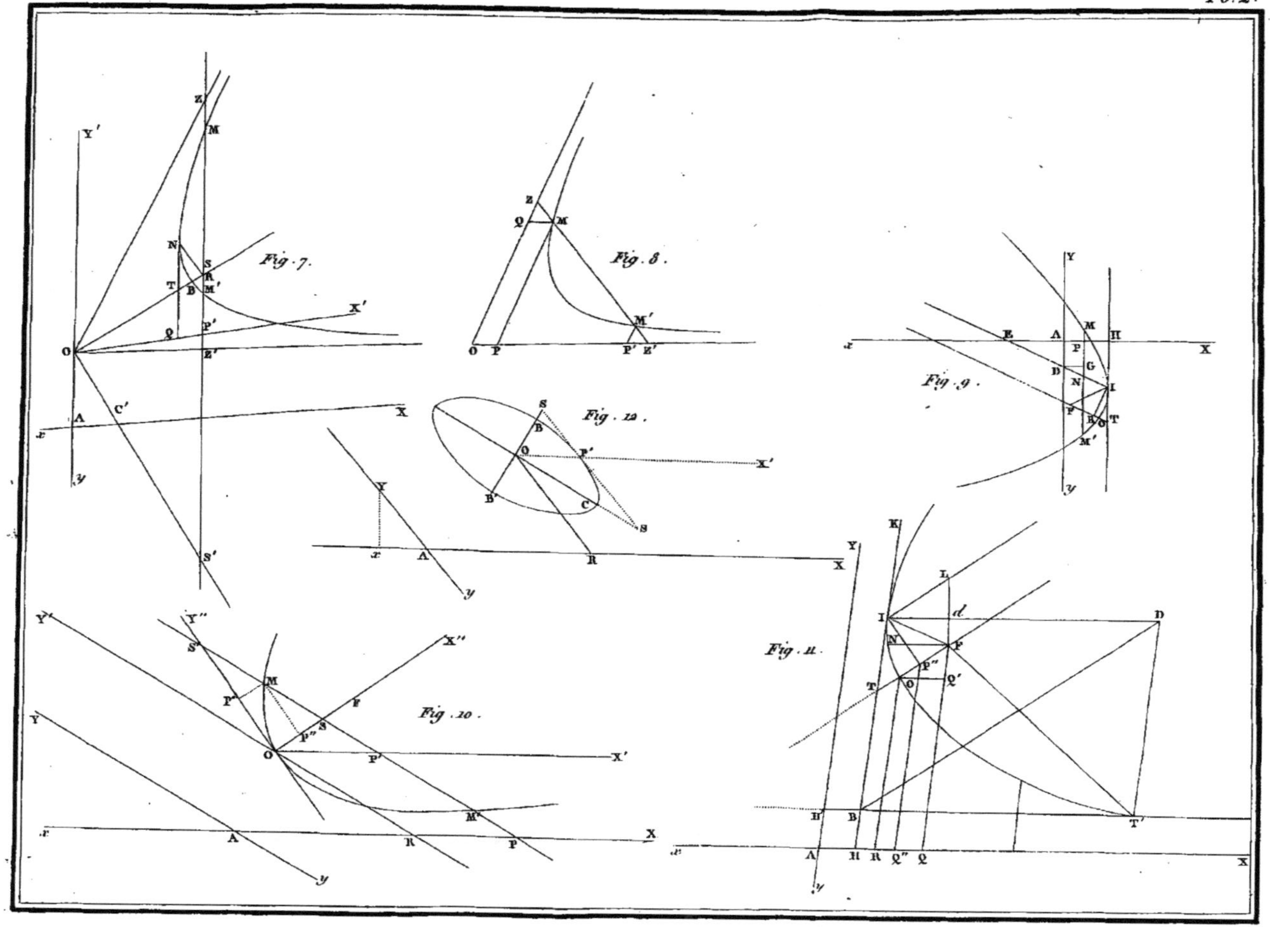

Fig. 7.

Fig. 8.

Fig. 9.

Fig. 12.

Fig. 10.

Fig. 11.

Fig. 13.

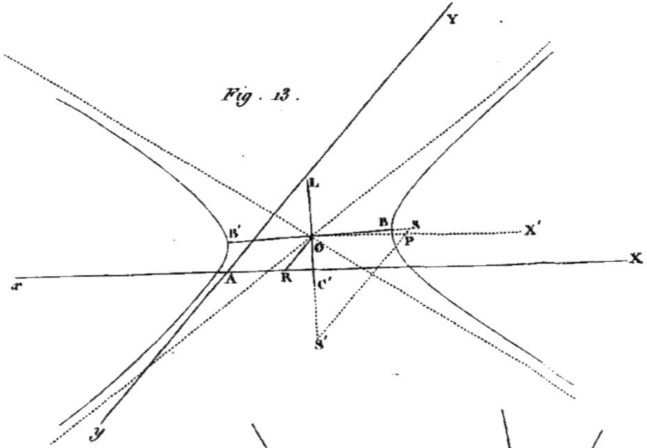

Fig. 14.

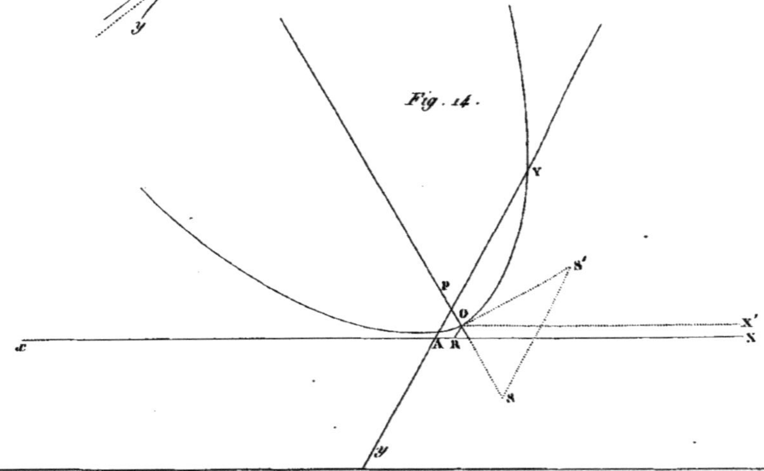

Fig. 15.

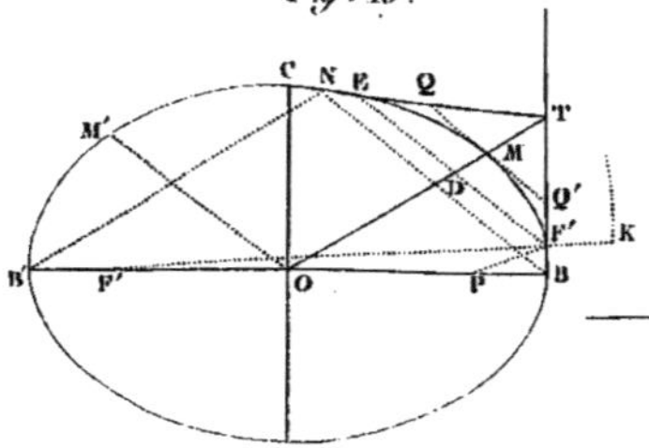

Fig. 16.

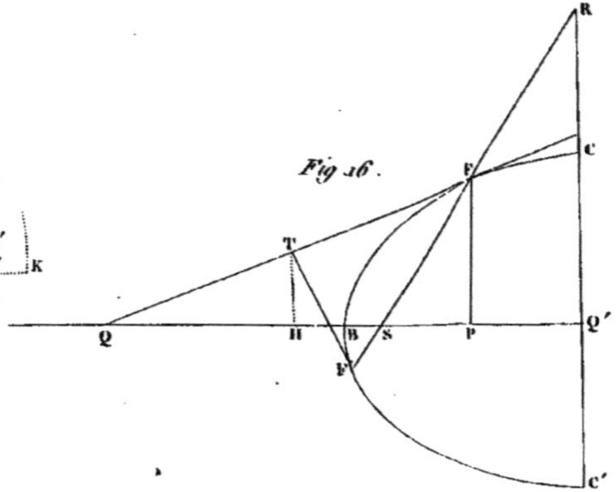

Fig. 17.

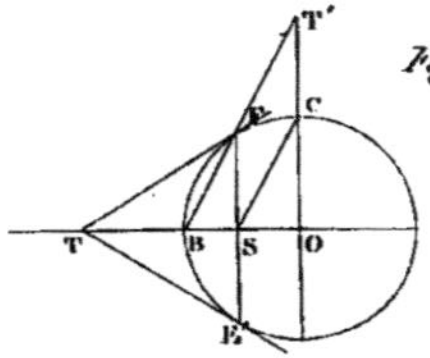

Fig. 18.

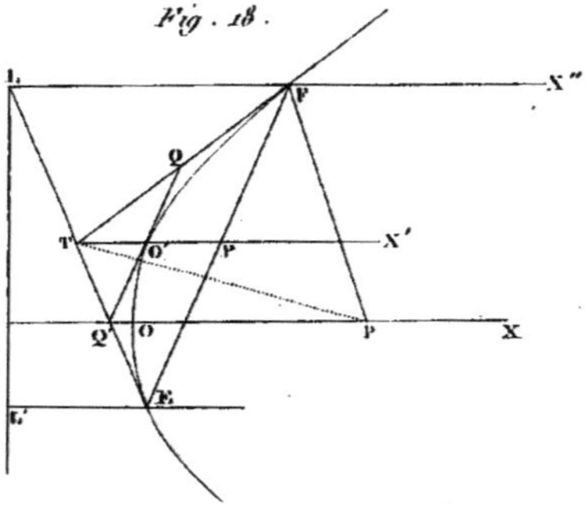

Fig. 19.

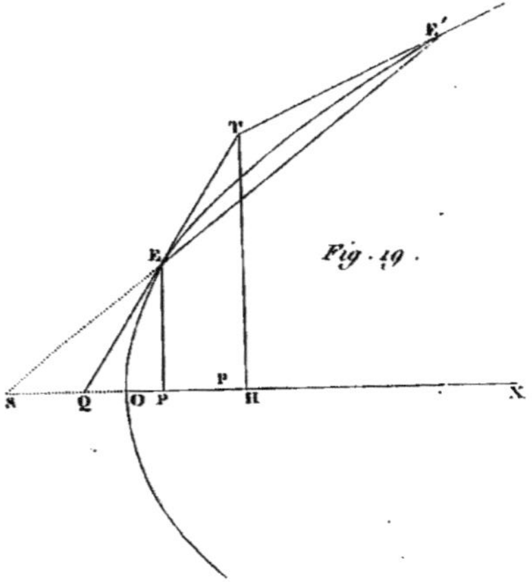

Fig. 20.

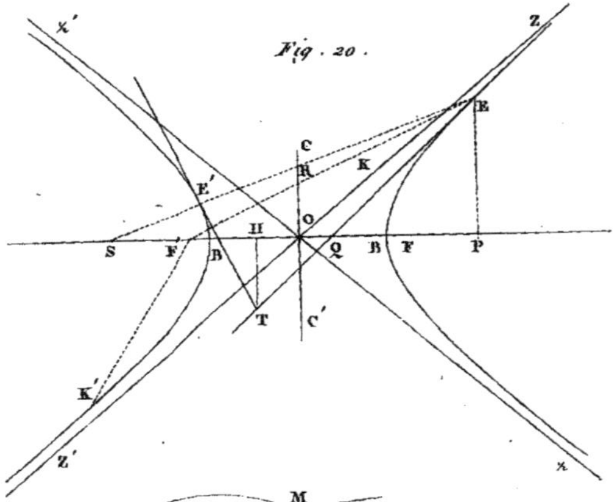

Fig. 21.

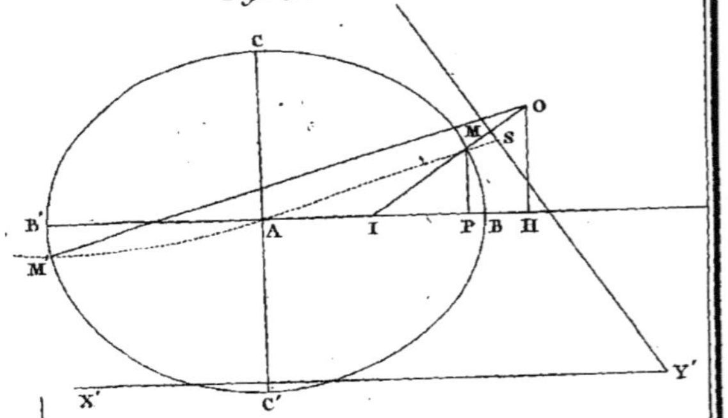

Fig. 22.

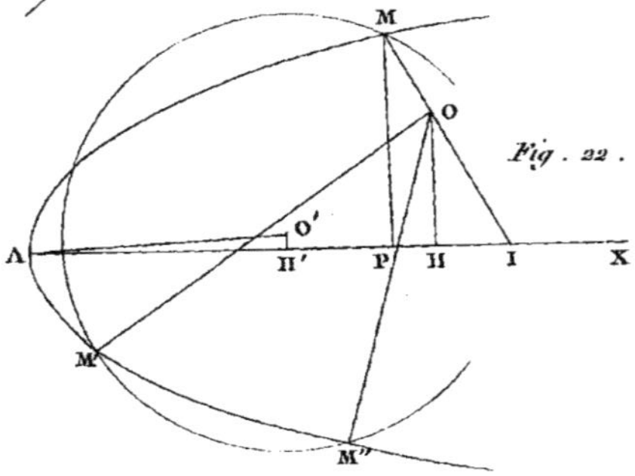

Fig. 23.

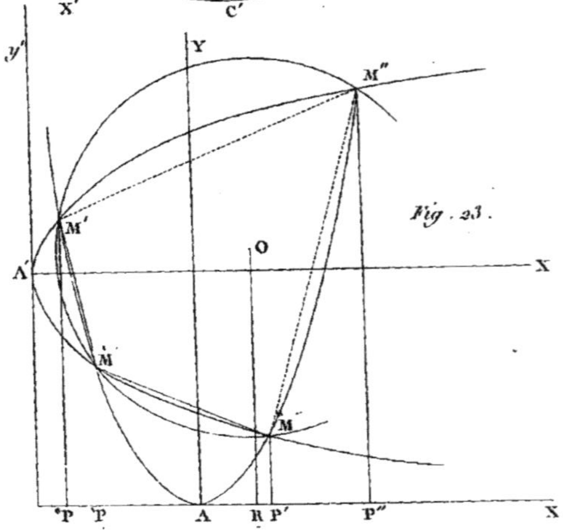

Pl. 6.

Fig. 24.

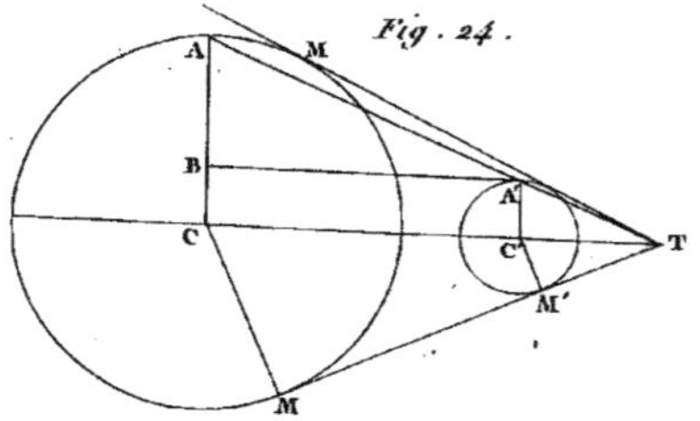

Fig. 25

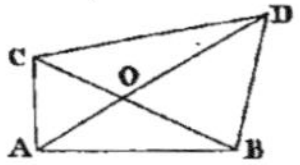

Fig. 26.

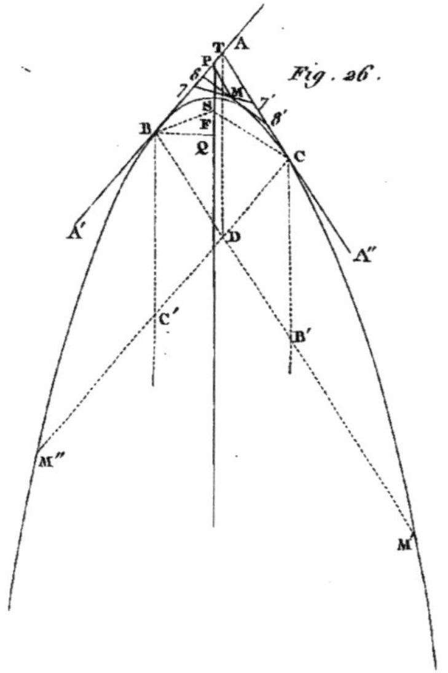

Fig. 27.

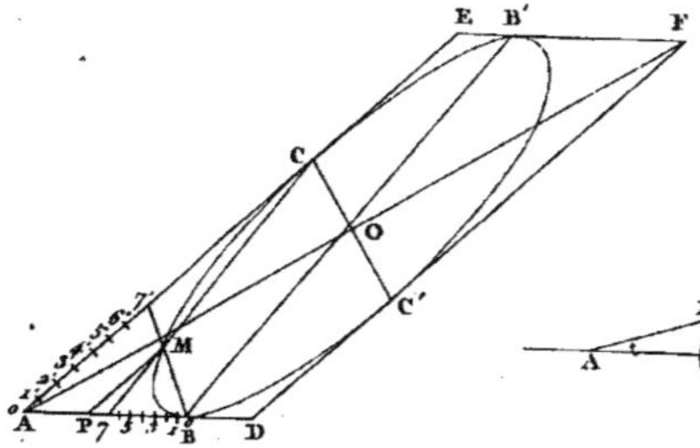

Fig. 28.

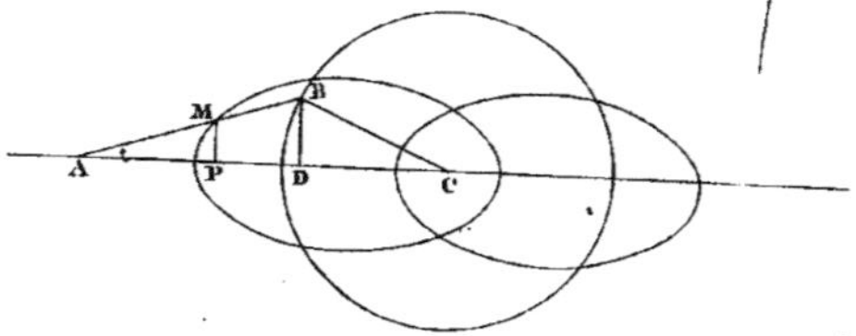

Fig. 29.

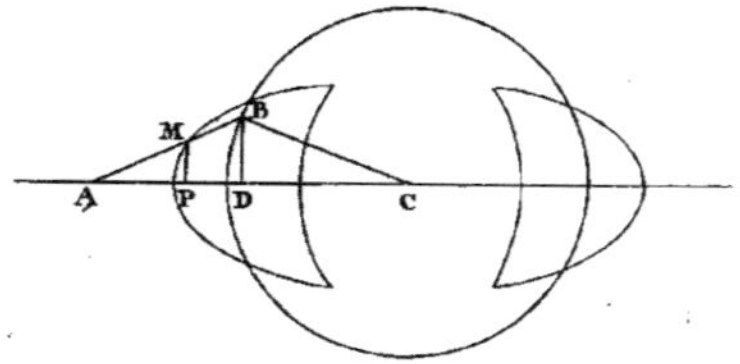

Fig. 30.

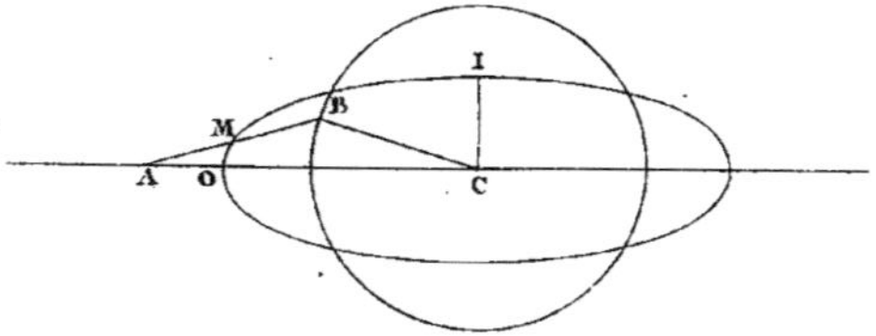

Fig. 31.

Fig. 32.

Fig. 34.

Fig. 33.

Fig. 36.

Fig. 35.

Fig. 39.

Fig. 37.

Fig. 38.

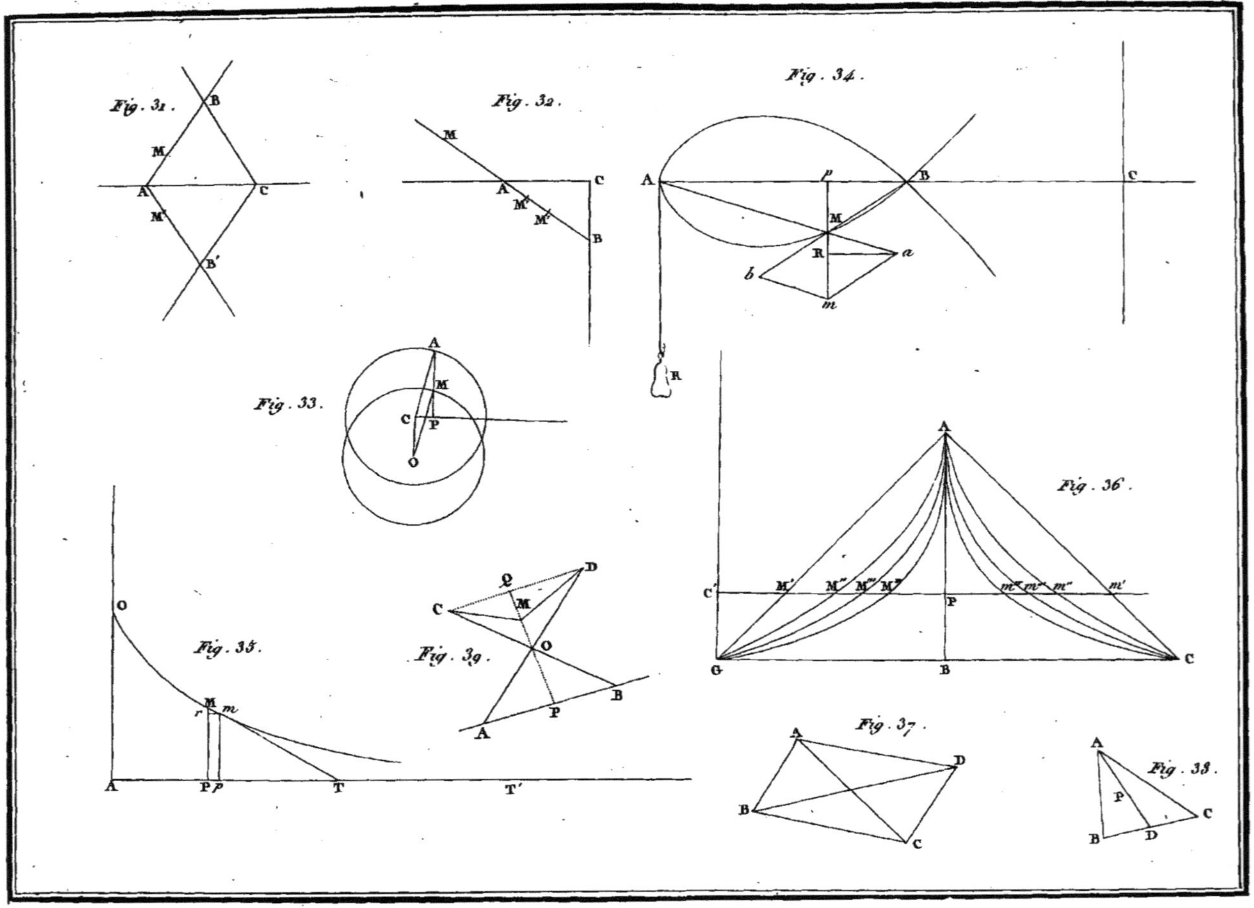

www.ingramcontent.com/pod-product-compliance
Ingram Content Group UK Ltd.
Pitfield, Milton Keynes, MK11 3LW, UK
UKHW020247250726
13967UKWH00004B/1546